预科化学

（第2版）

主 编 时原 赵青

U0379540

重庆大学出版社

内容提要

本书主要介绍无机化学和物理化学的相关知识。根据预科学生的实际情况,书中大部分内容是在高中知识的基础上要求学生进一步深入理解并掌握。本书共6章,在化学基本理论和基本知识方面包括溶液及其依数性、化学动力学、化学平衡及平衡移动、酸碱电离、盐类水解、缓冲溶液、沉淀平衡和物质结构基础等。在化学运算方面,通过溶液浓度、化学反应速率、化学平衡和电解质溶液中 pH 值等必要的计算,熟悉基本运算方法,进一步巩固基本概念,加深学生对基本理论的理解和运用。

本书主要适用于民族大学预科班学生。

图书在版编目(CIP)数据

预科化学 / 时原,赵青主编. -- 2 版. -- 重庆:
重庆大学出版社,2023.8
ISBN 978-7-5689-1135-1

Ⅰ.①预… Ⅱ.①时… ②赵… Ⅲ.①化学—高等学
校—教材 Ⅳ.①O6

中国国家版本馆 CIP 数据核字(2023)第 130072 号

预科化学
(第 2 版)

主 编 时 原 赵 青
责任编辑:范 琪 版式设计:范 琪
责任校对:关德强 责任印制:张 策

*

重庆大学出版社出版发行
出版人:陈晓阳
社址:重庆市沙坪坝区大学城西路 21 号
邮编:401331
电话:(023) 88617190 88617185(中小学)
传真:(023) 88617186 88617166
网址:http://www.cqup.com.cn
邮箱:fxk@ cqup.com.cn(营销中心)
全国新华书店经销
重庆亘鑫印务有限公司印刷

*

开本:787mm×1092mm 1/16 印张:6.75 字数:140千 插页:16 开1页
2018 年 8 月第 1 版 2023 年 8 月第 2 版 2023 年 8 月第 2 次印刷
印数:2 001—4 000
ISBN 978-7-5689-1135-1 定价:24.00 元

第2版前言

预科教育是民族高等教育的一个特殊层次,预科学生是民族院校的一个特殊群体,预科教学必须以培养学生良好的学习习惯和浓厚的学习兴趣为目的。化学是一门研究物质组成、结构、性质、应用以及变化规律的科学,一直伴随着人类历史和社会发展,与我们的生活息息相关。作为一门少数民族理科学生的必修课,在化学课教学中,强调教学内容的针对性,教材内容力求精简,由浅入深,通俗易懂,是提升学生学习兴趣的重要方法。

《预科化学》重视化学基础知识的掌握、基本技能的训练,注意了高中内容与大学教学内容的过渡与衔接,加大了大学化学在教材中的比例。期望学生通过预科化学的学习,对大学普通化学的基本概念、原理和应用有一个初步的了解,能够提高分析问题和解决问题的能力,为将来的学习夯实基础。教师可根据各层次预科的目标要求和学生的实际情况选用或要求学生自学。

本书第一版由时原老师负责编写,赵青老师负责审核,第二版由时原老师负责修订,仍坚持承前启后,深入浅出,通俗易懂的原则。第二版基本教学大纲不变,也没有增减章节,主要改动在以下几个方面:

1.修订了第一版书中的个别错误和遗漏。

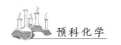

2.修订了个别符号,例如物质的量浓度。

3.在一些较复杂的公式和概念处增加了讲解内容方便读者理解,例如范特霍夫等温方程式、缓冲溶液机理、分步沉淀和原子分子轨道等。

4.修订了部分例题和练习题。

由于作者水平所限,书中疏漏在所难免,望读者批评指正。

编　者

2023 年 6 月

第 1 版前言

　　预科教育是高等教育的一个特殊层次,预科学生是高等院校的一个特殊群体,预科教学必须以培养学生良好的学习习惯和浓厚的学习兴趣为目的。化学是一门研究物质组成、结构、性质以及变化规律的科学,一直伴随着人类历史和社会的发展,与我们的生活息息相关。作为少数民族理科学生的一门必修课,化学教学强调教学内容的针对性,化学教材力求内容精简、由浅入深、通俗易懂。

　　本书重视化学基础知识的掌握、基本技能的训练,注重高中所学知识与大学学习内容的过渡与衔接。期望通过本课程的学习,学生能对大学普通化学的基本概念、原理和应用有一个初步的了解,能够提高分析问题和解决问题的能力,为将来的学习夯实基础。

　　本书由时原、赵青任主编。由于作者水平所限,书中疏漏在所难免,望读者批评指正。

编　者

2017 年 8 月

目 录

第1章 溶 液

由两种或两种以上的物质混合形成的均匀而又稳定的分散体系,称为溶液。溶液可以是液态,也可以是气态和固态。例如,空气是氧气、氮气等多种气体混合而成的气态溶液;青铜是铜和锡冶炼的固态溶液。溶液由溶剂和溶质组成(一种溶液中可能含一种或多种溶质,而溶剂只有一种),其中溶剂是唯一的,而溶质可能不止一种。通常将能溶解其他物质的物质称为溶剂,其余被溶解的物质称为溶质。凡气体或固体溶于液体时,均称液体为溶剂,而称气体或固体为溶质。若两种液体相互溶解时,一般把量多的称为溶剂,量少的称为溶质。例如,啤酒的乙醇含量约为4%,所以水是溶剂,乙醇是溶质;而白酒的乙醇含量可高达60%,此时乙醇是溶剂,水是溶质。

在实验室中制备与使用溶液时,首要考虑的问题便是溶液的浓度,浓度即是指溶液中溶剂和溶质的相对含量。

1.1 溶液的浓度

在实验室中,配好一份溶液时不仅要标明溶质和溶剂的名称,还必须注明溶液浓度,而溶液浓度的表示方法很多,下面介绍最常见的4种表示法。

1.1.1 物质的量浓度

物质的量浓度简称摩尔浓度,符号为c,是用溶质的物质的量除以溶液体积,即单位体积溶液中所含溶质的物质的量,表达式为

$$c_B = \frac{n_B}{V}$$

式中,n_B表示溶质的物质的量,mol;V表示溶液的体积,L。该表示法的标准单位为 mol/L。

这种浓度表示法是实验室中最常用的,用滴定管、量筒或移液管取一定体积的溶液,就可较容易地计算其中所含溶质的量。例如,计算 25 mL, 18 mol/L 的浓硫酸中所含 H_2SO_4 的量,即

$$n(H_2SO_4) = 18\ mol/L \times \frac{25\ mL}{1\ 000} = 0.45\ mol$$

该方法的缺点是溶液体积会随温度的变化而略微变化。

1.1.2 质量摩尔浓度

质量摩尔浓度为溶质的物质的量除以溶剂的质量,符号为 c_m(原符号是 m,为了与质量符号区别,改为 c_m),表达式为

$$c_m = \frac{n_B}{m_A}$$

式中,n_B 表示溶质的物质的量,mol;m_A 表示溶剂的质量,kg。特别注意:溶剂质量单位要用 kg,因此,该表示法的标准单位为 mol/kg。

【例 1.1】 已知 NaCl 的摩尔质量为 58.5 g/mol,若将 117 g 的 NaCl 溶于 1 L 水中,计算所得溶液的质量摩尔浓度。

解:根据题意可知

$$n_B = n(NaCl) = \frac{117\ g}{58.5\ g/mol} = 2\ mol$$

$$m_A = m(H_2O) = \rho V = 1\ kg/L \times 1\ L = 1\ kg$$

所以

$$c_m = \frac{n_B}{m_A} = \frac{2\ mol}{1\ kg} = 2\ mol/kg$$

1.1.3 物质的量分数

物质的量分数为溶液中某物质的物质的量与溶液中所有组分的物质的量之和的比值,符号为 x。溶质的物质的量分数表达式为

$$x_B = \frac{n_B}{n}$$

式中,n_B 表示溶质的物质的量,mol;n 表示溶液的总物质的量,即溶剂和所有溶质的物质的量之和,mol。

由于单位均是 mol,因此,该浓度表示法无量纲。

【例 1.2】　将 10.0 g NaCl 和 90.0 g 水配制成溶液,计算所得溶液的物质的量分数。

解:根据题意可知

$$n(\text{NaCl}) = \frac{10.0\ \text{g}}{58.5\ \text{g/mol}} \approx 0.171\ \text{mol}$$

$$n(\text{H}_2\text{O}) = \frac{90.0\ \text{g}}{18.0\ \text{g/mol}} = 5.00\ \text{mol}$$

因此,NaCl 及 H_2O 的物质的量分数为

$$x(\text{NaCl}) = \frac{0.171\ \text{mol}}{5.00\ \text{mol} + 0.171\ \text{mol}} \approx 0.033$$

$$x(\text{H}_2\text{O}) = \frac{5.00\ \text{mol}}{5.00\ \text{mol} + 0.171\ \text{mol}} \approx 0.967$$

1.1.4　质量分数

质量分数是指溶液中溶质质量与溶液质量之比,符号为 w,溶质的质量分数表达式为

$$w_\text{B} = \frac{m_\text{B}}{m} \times 100\%$$

式中,m_B 表示溶质的质量,g;m 表示溶液的总质量,即溶剂和所有溶质的质量之和,g。该浓度表示法无量纲。

【例 1.3】　市售浓硫酸密度为 1.84 g/mL,质量分数为 98%,现需稀释为 1.0 L,2.0 mol/L 的硫酸,应怎样配制?

解:已知 H_2SO_4 摩尔质量为 98 g/mol。设需用浓硫酸 x,由于稀释前后溶质 H_2SO_4 的质量不变,故有

$$1.0\ \text{L} \times 2.0\ \text{mol/L} \times 98\ \text{g/mol} = x \times 1.84 \times 10^3\ \text{g/L} \times 98\%$$

$$x = 0.11\ \text{L}$$

用量筒取 110 mL 浓硫酸,慢慢倒入盛有大半杯水的 1 L 烧杯中,搅拌,待溶液冷却后,再转入容量瓶,定容至 1 L,摇匀即可。

1.2　非电解质稀溶液的依数性

根据实验结果得知,难挥发的非电解质稀溶液的性质:溶液的蒸气压 p 下降、沸点 T_b 升高、凝固点 T_f 下降和渗透压 π 与一定量溶剂中所溶解溶质的物质的量成正比。这几种性质称为稀溶液的依数性。

1.2.1 蒸气压下降

如果把一杯液体(如水)置于密闭的容器中,液面上那些运动速率较快,能量较大的分子就会克服液体分子间的引力从表面逸出,成为蒸气分子,这个过程称为蒸发,是吸热过程;相反,蒸发出来的蒸气分子在液面上的空间不断运动时,某些蒸气分子可能撞到液面,为液体分子所吸引而重新进入液体中,这个过程称为凝聚,是放热过程。由于液体在一定温度时的蒸发速率是恒定的,蒸发刚开始时,蒸气分子不多,凝聚的速率远小于蒸发的速率。随着蒸发的进行,蒸气浓度逐渐增大,凝聚的速率也就随之加大。当凝聚的速率和蒸发的速率达到相等时,液体和它的蒸气就处于平衡状态。此时,蒸气所具有的压强就称为该温度下液体的饱和蒸气压,简称蒸气压。同种液体(如水)在不同温度下,蒸气压不同(见表1.1)。

表 1.1 不同温度下水的蒸气压

T/K	p/kPa	T/K	p/kPa
273	0.610	333	19.918
278	0.871	343	35.157
283	1.227	353	47.342
293	2.338	363	70.100
303	4.242	373	101.324
313	7.375	423	476.026
323	12.333		

如图 1.1 所示,装置的左管盛装纯丙酮,右管盛装以丙酮为溶剂的溶液,两管由 U 形压力计连接。装置放入 50 ℃ 的恒温水浴后,可定性地观察到压力计的水银面右柱高于左柱,这表明纯丙酮液体的蒸气压大于丙酮溶液的蒸气压。

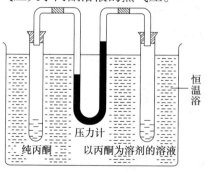

图 1.1 溶液的蒸气压下降

由实验可得出,在同一温度下,若往溶剂中加入一种难挥发的溶质而形成溶液时,溶剂的蒸气压便下降。在这里,所谓溶液的蒸气压,实际是指溶液中溶剂的蒸气压(因为溶质是难挥发的,所以其蒸气压可忽略不计)。同一温度下,纯溶剂蒸气压与溶液蒸气压之差称为溶液的蒸气压下降。出现溶液的蒸气压下降的原因可以理解如下:溶剂中加入难挥发的溶质后,溶剂的一部分表面空间被溶质的微粒占据,使得单位时间内从溶液中蒸发出的溶剂分子数比原来从纯溶剂中蒸发出的分子数要少,也就是使得溶剂的蒸发速率变小,在本来已经达到平衡的蒸发与凝聚两个过程中,凝聚重新占了优势,结果使系统在较低的蒸气浓度或压力下,溶剂的蒸气(气相)与溶剂(液相)重建平衡。因此,在达到平衡时,难挥发溶质的溶液中溶剂的蒸气压低于纯溶剂的蒸气压。显然,溶液的浓度越大,溶液的蒸气压下降越多。如 25 ℃ 时,水的饱和蒸气压 $p(H_2O) = 3.17$ kPa,而 0.5 mol/kg 糖水的蒸气压则为 3.14 kPa,1.0 mol/kg 糖水的蒸气压为 3.11 kPa。

19 世纪 80 年代,拉乌尔(Raoult) 研究了几十种溶液蒸气压下降与浓度的关系以后,发现了这样的规律:

$$p_0 - p = \Delta p = p_0 x_B \tag{1.1}$$

或

$$p = p_0 x_A \tag{1.2}$$

式中,x_B 为溶质摩尔分数;x_A 为溶剂摩尔分数;p_0 为纯溶剂的蒸气压;p 为溶液的蒸气压,两者之差即 Δp,也就是溶液蒸气压下降的值。

式(1.1) 和式(1.2) 就是 1887 年 Raoult 最初提出的适用于非挥发性、非电解质稀溶液的经验公式,即溶液蒸气压下降值与溶质的浓度成正比。后人将之命名为拉乌尔定律。

当溶液很稀时,因 $n_A \gg n_B$,所以 $x_B \approx n_B/n_A$。式(1.1) 简化得到

$$\Delta p = p_0 \frac{n_B}{n_A} \tag{1.3}$$

如取 1 000 g 溶剂,并已知溶剂摩尔质量为 M_A,则 $n_A = 1 000/M_A$,按质量摩尔浓度定义在数值上 $n_B = c_m$,所以

$$x_B = \frac{n_B}{n_A + n_B} \approx \frac{n_B}{n_A} = c_m \frac{M_A}{1\ 000}$$

因此,对很稀的溶液,式(1.1) 可以改写为

$$\Delta p = p_0 x_B = p_0 \frac{M_A}{1\ 000} c_m = K_p c_m \tag{1.4}$$

式中,比例常数 $K_p = p_0 M_A / 1\ 000$。

式(1.4) 表明:溶液蒸气压的下降 Δp 与质量摩尔浓度 c_m 成正比,比例常数 K_p 取决于

纯溶剂的蒸气压 p_0 和摩尔质量 M_A。式(1.1)和式(1.4)都表明溶液蒸气压的下降只与溶液浓度有关,而与溶质的种类无关。

【例 1.4】 已知 20 ℃ 时,水的饱和蒸气压为 2.34 kPa,将 17.1 g 蔗糖($C_{12}H_{22}O_{11}$)与 3.00 g 尿素$[CO(NH_2)_2]$分别溶于 100 g 水。计算这两种溶液的蒸气压各是多少。(蔗糖的摩尔质量为 342 g/mol)

解:(1)蔗糖溶液中 H_2O 的物质的量分数为

$$x(H_2O) = \frac{\dfrac{100\ g}{18.0\ g/mol}}{\dfrac{100\ g}{18.0\ g/mol} + \dfrac{17.1\ g}{342\ g/mol}} = \frac{5.55\ mol}{(5.55 + 0.05)\ mol} \approx 0.991$$

代入式(1.2),得蔗糖溶液的蒸气压为

$$p = p_0 \times x(H_2O) = 2.34\ kPa \times 0.991 = 2.32\ kPa$$

(2)尿素溶液中 H_2O 的物质的量分数为

$$x(H_2O) = \frac{\dfrac{100\ g}{18.0\ g/mol}}{\dfrac{100\ g}{18.0\ g/mol} + \dfrac{3.00\ g}{60.0\ g/mol}} \approx 0.991$$

所以尿素溶液蒸气压为

$$p = p_0 \times x(H_2O) = 2.32\ kPa$$

由例 1.4 得出:这两种溶液虽然溶质不同,但溶剂的物质的量分数相同,因此溶液的蒸气压也相等。

【例 1.5】 已知 20 ℃ 时,苯的蒸气压为 9.99 kPa,现称取 1.07 g 苯甲酸乙酯溶于 10.0 g 苯中,测得溶液蒸气压为 9.49 kPa,试求苯甲酸乙酯的摩尔质量。

解:设苯甲酸乙酯的摩尔质量为 M_B,利用式(1.1),$\Delta p = p_0 x_B$,可得

$$(9.99 - 9.49)kPa = 9.99\ kPa \times \left[\frac{\dfrac{1.07\ g}{M_B}}{\dfrac{1.07\ g}{M_B} + \dfrac{10.0\ g}{78.0\ g/mol}} \right]$$

$$M_B = 158\ g/mol$$

1.2.2 沸点升高

液体的蒸气压随温度升高而增加,当蒸气压等于外界压强时,液体就沸腾,这个温度就是液体的沸点。某纯溶剂的沸点为 T_b^0。因为难挥发溶质溶液的蒸气压低于纯溶剂,所以在 T_b^0 时,溶液的蒸气压就小于外压。当温度继续升高到 T_b 时,溶液的蒸气压等于外压,

溶液才沸腾,T_b 和 T_b^0 之差即为溶液沸点升高 ΔT_b。溶液浓度越大,其蒸气压下降越多,沸点升高越多,如图 1.2 所示。

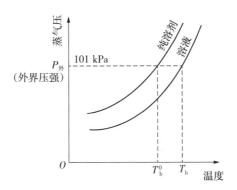

图 1.2　溶液蒸气压下降与溶液沸点升高的关系

由于溶液沸点的升高受其蒸气压降低的影响,溶液蒸气压的降低与质量摩尔浓度成正比 $\Delta p = K_p c_m$,因此溶液沸点的升高 ΔT_b 也与质量摩尔浓度成正比,即

$$\Delta T_b = K_b c_m \tag{1.5}$$

式中,K_b 为溶剂沸点升高系数。

几种常见溶剂的沸点升高常数见表 1.2。

表 1.2　常见溶剂的沸点升高常数

溶　剂	$T_b/℃$	$K_b/(K \cdot kg \cdot mol^{-1})$
水	100.0	0.513
乙醇	78.2	1.23
丙酮	56	1.80
苯	80	2.64
乙酸	118	3.22
氯仿	61	3.80
萘	218.9	—
硝基苯	211	5.2
苯酚	181.7	3.54

【例 1.6】　已知纯苯的沸点是 80.2 ℃,现称取 2.67 g 的萘($C_{10}H_8$)溶于 100 g 苯中,该溶液的沸点升高了 0.531 K,试求苯的沸点升高系数 K_b。

解:根据分子式计算出萘的摩尔质量为 128 g/mol,则

$$\Delta T_b = K_b c_m$$

$$0.531 \ K = K_b \times \frac{\dfrac{2.67 \ g}{128 \ g/mol}}{\dfrac{100 \ g}{1\ 000}}$$

$$K_b = 2.55(K \cdot kg)/mol$$

1.2.3　凝固点降低

某物质的凝固点是指该物质的液相蒸气压和固相蒸气压相等时的温度,而溶液凝固点是指溶液的蒸气压和溶剂固相蒸气压相等时的温度。

纯溶剂的凝固点为 T_f^0,此时溶剂液相和固相蒸气压相等。在 T_f^0 溶液的蒸气压则低于纯溶剂的蒸气压,由于溶液蒸气压和溶剂固体蒸气压相等时才会凝固,所以溶液在 T_f^0 不凝固。若温度继续下降,纯溶剂固体的蒸气压下降率比溶液大,当冷却到 T_f 时,纯溶剂固体和溶液的蒸气压相等,平衡温度 T_f 就是溶液的凝固点,如图 1.3 所示,T_f^0 与 T_f 的差值就是溶液凝固点的降低 ΔT_f,即 $\Delta T_f = T_f^0 - T_f$,它和溶液的质量摩尔浓度成正比,即

$$\Delta T_f = K_f c_m \tag{1.6}$$

式中,K_f 为溶剂凝固点降低常数。

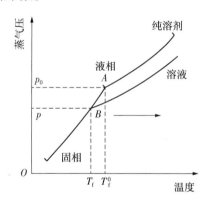

图 1.3　溶液的凝固点降低

一些常见溶剂的凝固点降低常数见表 1.3。

表 1.3　常见溶剂的凝固点降低常数

溶　剂	$T_f/℃$	$K_f/(K \cdot kg \cdot mol^{-1})$
水	0.0	1.86
乙醇	− 114	—
丙酮	− 95	—
苯	6	5.07

续表

溶 剂	$T_f/℃$	$K_f/(K \cdot kg \cdot mol^{-1})$
乙酸	17	3.63
氯仿	- 64	—
萘	80.5	7.45
硝基苯	6	6.87
苯酚	43	6.84

【例1.7】 0.749 g 谷氨酸溶于 50.0 g 水,测得凝固点为 - 0.188 ℃,试求谷氨酸的摩尔质量。

解:利用式 $\Delta T_f = K_f c_m$,可得

$$0.188 = 1.86 \ K \cdot kg/mol \times \frac{0.749 \ g}{M_B} \times \frac{1 \ 000}{50.0 \ g}$$

$$M_B = 148 \ g/mol$$

故谷氨酸的摩尔质量为 148 g/mol。

1.2.4 渗透压

渗透必须通过一种膜来进行,这种膜上的孔只能允许溶剂分子通过,而不能允许溶质分子通过,因此称为半透膜。动植物的膜组织(如细胞膜或肠衣)都是半透膜。将纯溶剂和溶液(或者是不同浓度的溶液)用半透膜分隔开来,则可发生渗透现象。渗透是溶剂通过半透膜进入溶液的单方向扩散过程。

由如图 1.4 所示的装置(半透膜内盛糖水,烧杯内盛纯水)可以观察到管内液面逐渐升高的现象,这是因为水分子可通过半透膜,而糖分子却不能。管内液面越高,水压也越

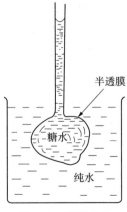

图 1.4 渗透现象

大,当管内液面升到一定高度,渗透过程即终止,可以看成水分子渗过半透膜的趋势与水柱压力恰好抵消。为阻止发生渗透过程所施加的外压称为溶液的渗透压。

如果施加在溶液上的外压超过了渗透压,就会使溶液中的溶剂反过来向纯溶剂方向流动,使纯溶剂的体积增加,这个过程称为反渗透。反渗透的原理广泛应用于海水淡化、工业废水或污水处理等方面。

1885 年,范特霍夫(Van't Hoff)宣布稀溶液的渗透压定律与理想气体定律相似,可表述为

$$\Pi V = nRT \text{ 或 } \Pi = \frac{n}{V} RT \tag{1.7}$$

式中,Π 为渗透压,kPa;T 为热力学温度,K;n 为物质的量,mol;V 为溶液体积,L;n/V 为物质的量浓度,mol/L;R 为摩尔气体常数,8.314 kPa·L/(mol·K)。

【例1.8】 将血红素 1.00 g 溶于适量水中,配成 100 cm³ 溶液,此溶液的渗透压为0.366 kPa(20 ℃ 时)。求:

(1)溶液的物质的量浓度;

(2)血红素的相对分子质量。

解:(1)由式(1.6)可得

$$c_B = \frac{n}{V} = \Pi/RT$$

$$= \frac{0.366 \text{ kPa}}{8.314 \text{ kPa·L/(mol·K)} \times 293 \text{ K}}$$

$$= 0.15 \times 10^{-3} \text{ mol/L}$$

(2)设血红素的摩尔质量为 M_B,则有

$$c_B = \frac{n_B}{V} = \frac{\frac{m_B}{M_B}}{V} = \frac{\frac{1 \text{ g}}{M_B}}{100 \text{ mL}/1 \text{ 000}} = 0.15 \times 10^{-3} \text{ mol/L}$$

$$M_B = 6.7 \times 10^4 \text{ g/mol}$$

人体血液的平均渗透压约为 780 kPa,由于人体有保持渗透压在正常范围的要求,因此,对人体注射或静脉输液时,应使用渗透压与人体血液渗透压基本相等的溶液,在生物学和医学上这种溶液称为等渗溶液。例如,人体静脉输液时采用的是质量分数0.28 mol/L(5.0%)的葡萄糖溶液,否则由于渗透作用,可产生严重后果:如果把血红细胞放入渗透压较大(与正常血液相比)的溶液中,血红细胞中的水就会通过细胞膜渗透出来,甚至能引起血红细胞萎缩并从悬浮状态中沉降下来;如果把血红细胞放入渗透压较小的溶液中,溶液中的水就会通过血红细胞的膜流入细胞中,使细胞膨胀,甚至使细胞膜破裂。

1.3 电解质溶液的依数性

非电解质稀溶液的 Δp，ΔT_b，ΔT_f 以及 Π 的实验值与计算值基本相符。但电解质溶液的实验值与计算值却相差很大。因为在电解质溶液中,由于电离,溶液中溶质粒子个数增加了,因而所含溶质粒子数要比相同浓度的非电解质溶液所含的溶质粒子数多,所以溶液依数性更加明显。如 0.10 mol/kg 的 NaCl 水溶液,若按非电解质稀溶液的 $\Delta T_f = K_f c_m$ 计算,ΔT_f 应为 0.186 ℃,但实际的实验值却是 0.347 ℃,近乎计算值的 2 倍。

之所以出现这种现象就是溶质粒子数增加的缘故。而相同浓度的 Na_2SO_4 溶液由于电离出了更多的粒子数,所以其依数性和 NaCl 又不一样。

小　结

本章首先介绍了溶液的基本概念和 4 种常用的浓度表示方法,分别是物质的量浓度、质量摩尔浓度、物质的量分数和质量分数,要求熟练掌握并且正确应用于以后的计算中。本章重点是难挥发非电解质稀溶液的依数性,对于溶液的蒸气压下降、沸点升高、凝固点下降和渗透压而言其概念和计算公式都需要熟练掌握。

习　题

1.取一定量浓度为 5% 的 NaOH 溶液,加热蒸发掉 108 g 水后变为浓度为 20% 的 NaOH 溶液。请计算原 NaOH 溶液的总质量以及溶质 NaOH 的质量。

2. 现有 3 杯同温同体积的葡萄糖水溶液,A 杯溶液中葡萄糖质量摩尔浓度为 1 mol/kg,B 杯溶液中葡萄糖的物质的量浓度为 1 mol/L,C 杯溶液中葡萄糖的质量分数为 10%。已知葡萄糖相对分子量为 180,请比较 3 杯溶液中葡萄糖含量的多少。

3.现有一杯甲醇和乙醇混合的水溶液,该溶液中甲醇的质量摩尔浓度为 3.26 mol/kg,乙醇的物质的量分数为 0.072 8。请计算该溶液中乙醇的质量摩尔浓度。

4.在 293 K 时,蔗糖($C_{12}H_{22}O_{11}$) 水溶液的蒸气压是 2 110 Pa,纯水的蒸气压是 2 333 Pa。请计算 1 000 g 水中含蔗糖的质量。

5.当 3.24 g 硫溶解于 40 g 苯中时,苯的沸点升高了 0.81 ℃。若苯的 K_b = 2.53 (K·kg)/mol,请计算该硫的分子组成。

6.为防止水在仪器里结冰,可在水中加入甘油($C_3H_8O_3$)。如果要使水的冰点下降到

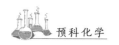

－2 ℃,请计算应在 100 g 水中加入多少克甘油。

7.测得人体血液(水溶液)的凝固点 T_f 为 272.44 K。请计算体温为 37 ℃ 时血液的渗透压。

8.已知一种难挥发非电解质水溶液,测得该溶液沸点上升了 0.26 ℃。求此溶液的凝固点和在 298 K 时溶液的渗透压。

9. 现有 3 种水溶液,溶质分别为 NaAc,CaCl$_2$,HAc。 若 3 种溶液的浓度都是 0.1 mol/L,请将 3 种溶液按沸点由高到低的顺序排列。

10.已知下列 4 种溶液:0.1 mol/L 的 Al$_2$(SO$_4$)$_3$ 溶液,0.2 mol/L 的 CuSO$_4$ 溶液,0.3 mol/L 的 NaCl 溶液和 0.3 mol/L 的尿素。请按溶液凝固点由高到低的顺序排列。

11.现有 4 种水溶液:0.1 mol/L 的 KCl 溶液,0.1 mol/L 的蔗糖溶液,0.2 mol/L 的 NH$_3$ 和 0.05 mol/L 的 BaCl$_2$ 溶液。请按溶液凝固点由高到低的顺序排列。

12.反渗透法是咸水淡化制取饮用水的一种方法,即把高于渗透压的压强加在咸水液面上,在半透膜的另一侧流出饮用水。根据这一原理,在 300 K 时从海水中提取饮用水需要多大的压强? (假设海水为 NaCl 溶液且 NaCl 已经完全离子化,海水摩尔浓度为 1.17 mol/L)

13.在相同温度下,和质量分数为 1% 的尿素[CO(NH$_2$)$_2$]水溶液具有相同渗透压的葡萄糖(C$_6$H$_{12}$O$_6$)溶液的浓度应为多少?

第2章　化学反应速率

在化学反应中,有些反应进行得很快,几乎在一瞬间就能完成,如炸药的爆炸、酸碱中和等;也有些反应进行得很慢,如氢气和氧气的混合气体在室温下可以长时间共存而不发生显著的变化,岩石风化需要成百上千年。因此,对于一些反应,特别是对生产有利的反应,需采取措施加快反应速率以缩短生产时间,如钢铁的冶炼、橡胶的合成等;但对另一些反应,如金属的腐蚀、橡胶制品的老化等,则要设法减缓其进行。

化学反应速率表示化学反应进行的快慢。对某一给定的化学反应来说,其反应速率一般受浓度(压强)、温度及催化剂等因素的影响。本章将集中讨论化学反应速率的问题。

2.1　化学反应速率

化学反应速率是用来衡量化学反应进行快慢的一个物理量。对于气体反应和溶液反应而言,在反应体系体积不变的情况下,化学反应速率定义为单位时间内反应物或生成物浓度改变量的正值。表达式为

$$v = \pm \frac{\Delta c}{\Delta t} \tag{2.1}$$

固体和纯液体由于浓度几乎固定不变,因此一般不用来表示化学反应速率。

例如,在某给定条件下,1 mol N_2 与 3 mol H_2 在 2 L 的密闭容器中合成氨气,在 2 s 末,测得容器中含有 0.4 mol NH_3,则此时各物质浓度的变化如下:

	N_2	+	$3H_2$	$\rightleftharpoons$	$2NH_3$
起始浓度(mol/L)	0.5		1.5		0
变化浓度(mol/L)	− 0.1		− 0.3		0.2
2 s 末浓度(mol/L)	0.4		1.2		0.2

如果用氮气浓度的改变来表示反应速率,则有

$$v(N_2) = \frac{-\Delta c(N_2)}{\Delta t} = \frac{0.1 \text{ mol/L}}{2 \text{ s}} = 0.05 \text{ mol/(L·s)}$$

如果用氨气浓度的改变来表示反应速率,则有:

$$v(NH_3) = \frac{\Delta c(NH_3)}{\Delta t} = \frac{0.2 \text{ mol/L}}{2 \text{ s}} = 0.1 \text{ mol/(L·s)}$$

由于参加反应的各物质的浓度随着反应进行而不断变化,故反应速率也将不断变化。上例中所求得的反应速率实际上是该段时间间隔 Δt 内的平均反应速率 $\bar{v}$。时间间隔越短,越能反映某一时刻的反应速率。若将时间间隔无限缩小,平均速率的极限值即为化学反应在 t 时的瞬时速率(还有作图法也可以求出瞬时速率,在这不多做介绍)。

反应速率的表达式有两点需要注意:

(1) 从以上表达式可以看出,反应速率的单位是用浓度单位除以时间单位,通用的速率单位一般是 mol/(L·s) 和 mol/(L·min)。

(2) 在同一个反应内(不同物质的化学计量系数不同的情况下),用不同物质的浓度变化量的正值来表示的反应速率其数值是不同的,因此需要注明是由哪种物质的浓度变化值表示的,不然容易混淆。不同物质表示的速率除以反应方程式中该物质在方程式中的系数,就得到一个相同数值。该数值即为该反应的统一反应速率,这样一个反应就只有一个反应速率值,使用更方便。如

$$aA + bB \longrightarrow cC + dD$$

$$v = -\frac{1}{a}\frac{\Delta c_A}{\Delta t} = -\frac{1}{b}\frac{\Delta c_B}{\Delta t} = \frac{1}{c}\frac{\Delta c_C}{\Delta t} = \frac{1}{d}\frac{\Delta c_D}{\Delta t}$$

2.2 浓度与反应速率

实验证明,在给定温度条件下,瞬时反应速率与反应物(固体或纯液体除外)的浓度成正比。反应速率与反应物浓度的关系,称为瞬时速率方程。对于反应 $aA + bB \Longrightarrow$ 产物,它的瞬时速率方程一般写为

$$v = kc_A^{\alpha} \cdot c_B^{\beta} \qquad (2.2)$$

瞬时速率方程式里 k 称为反应速率常数,即反应物浓度为单位浓度(1 mol/L)时的反应速率。k 受温度和催化剂等因素的影响,与反应物浓度无关。浓度的次方项 α,β 称为该反应物的反应级数,如 $\alpha = 2,\beta = 1$,则对反应物 A 来说是二级反应;对反应物 B 来说是一级反应,反应的总级数等于 $\alpha + \beta = 3$。

特别注意,对于绝大多数反应而言,反应级数要由实验确定,不能直接按化学方程式

的系数写出。由表 2.1 可以看出,反应级数和方程式配平系数不一致,它可以是整数,可以是分数,甚至可以是零。对于某反应,要正确写出瞬时速率方程表示浓度与反应速率的关系,必须由实验测定速率常数和反应级数。

表 2.1　某些化学反应的速率方程和反应总级数

化学反应	速率方程	反应总级数
$2H_2O_2 = 2H_2O + O_2$	$v = kc_{H_2O_2}$	1
$S_2O_8^{2-} + 2I^- = 2SO_4^{2-} + I_2$	$v = kc_{S_2O_8^{2-}} \cdot c_{I^-}$	$1 + 1 = 2$
$4HBr + O_2 = 2H_2O + Br_2$	$v = kc_{HBr} \cdot c_{O_2}$	$1 + 1 = 2$
$2NO + 2H_2 = N_2 + 2H_2O$	$v = kc_{NO}^2 \cdot c_{H_2}$	$2 + 1 = 3$
$CH_3CHO = CH_4 + CO$	$v = kc_{CH_3CHO}^{3/2}$	$3/2$
$2NO_2 = 2NO + O_2$	$v = kc_{NO_2}^2$	2

【例 2.1】　在 1 073 K 时,对反应 $2NO + 2H_2 = N_2 + 2H_2O$ 进行了反应速率的实验测定,有关数据如下:

实验标号	起始浓度 $/(mol \cdot L^{-1})$		起始反应速率 v $/[mol \cdot (L \cdot s)^{-1}]$
	$c(NO)$	$c(H_2)$	
1	6.00×10^{-3}	1.00×10^{-3}	3.19×10^{-3}
2	6.00×10^{-3}	2.00×10^{-3}	6.36×10^{-3}
3	6.00×10^{-3}	3.00×10^{-3}	9.56×10^{-3}
4	1.00×10^{-3}	6.00×10^{-3}	0.48×10^{-3}
5	2.00×10^{-3}	6.00×10^{-3}	1.92×10^{-3}
6	3.00×10^{-3}	6.00×10^{-3}	4.30×10^{-3}

(1) 写出反应速率与反应物浓度的关系式,即反应瞬间速率方程式;

(2) 计算这个反应在 1 073 K 时的反应速率常数;

(3) 当 $c(NO) = 4.00 \times 10^{-3}$ mol/L,$c(H_2) = 5.00 \times 10^{-3}$ mol/L 时,计算这个反应在 1 073 K 时的反应速率。

解:(1) 从实验标号 1 到 3 可以看出,当 $c(NO)$ 保持不变,$c(H_2)$ 增加到原来浓度的 2 倍时,v 增加到原来速率的 2 倍;$c(H_2)$ 增加到原来的 3 倍时,v 也增加到原来的 3 倍。这种

变化关系表明 v 与 $c(H_2)$ 成正比,即 $v \propto c(H_2)$。

从实验标号 4 到 6 可以看出,当 $c(H_2)$ 保持不变,$c(NO)$ 增加到原来浓度的 2 倍时,v 增加到原来速率的 4 倍;$c(NO)$ 增加到原来的 3 倍时,v 增加到原来的 9 倍。这种变化关系表明 v 与 $c(NO)^2$ 成正比,即 $v \propto c(NO)^2$。

将两式合并,得

$$v \propto c(NO)^2 \cdot c(H_2)$$

即

$$v = kc(NO)^2 \cdot c(H_2)$$

(2)将实验标号 4 的数据代入上式,则

$$0.48 \times 10^{-3} \text{ mol/(L} \cdot \text{s)} = k(1.00 \times 10^{-3} \text{ mol/L})^2 \cdot 6.00 \times 10^{-3} \text{ mol/L}$$

$$k = 8.0 \times 10^4 \text{ L}^2/(\text{mol}^2 \cdot \text{s})$$

(3)当 $c(NO) = 4.00 \times 10^{-3} \text{ mol/L}$,$c(H_2) = 5.00 \times 10^{-3} \text{ mol/L}$ 时,则

$$v = kc(NO)^2 \cdot c(H_2)$$

$$= 8.0 \times 10^4 \text{ L}^2/(\text{mol}^2 \cdot \text{s}) \times (4.00 \times 10^{-3} \text{ mol/L})^2 \times 5.00 \times 10^{-1} \text{ mol/L}$$

$$= 6.4 \times 10^{-3} \text{ mol/(L} \cdot \text{s)}$$

此外,反应总级数还会影响反应速率常数 k 的单位,规律见表 2.2。

表 2.2　反应速率常数的单位

反应级数	速率方程	速率常数的单位
1	$v = kc_A$	s^{-1}
3/2	$v = kc_A^{3/2}$	$(\text{L} \cdot \text{mol}^{-1})^{1/2}/\text{s}$
2	$v = kc_A^2$	$(\text{L} \cdot \text{mol}^{-1})/\text{s}$
3	$v = kc_A^3$	$(\text{L} \cdot \text{mol}^{-1})^2/\text{s}$
n	$v = kc_A^n$	$(\text{L} \cdot \text{mol}^{-1})^{n-1}/\text{s}$

2.3　反应机理

化学动力学工作者除了直接研究反应速率、测定反应级数、速率常数之外,还在此基础上研究反应机理。化学反应的速率与反应的机理密切相关,而速率方程式就由反应机理决定;所谓反应机理,就是对反应历程的描述,简单地说就是该反应需要几步来完成。有些化学反应的历程很简单,反应物分子相互碰撞,一步就起反应而转化为生成物,这类

反应称为基元反应。但大多数化学反应的历程较为复杂,反应物分子至少要经过两步才能转化为生成物,换言之就是这类反应由两个或两个以上的基元反应构成,称之为复杂反应或非基元反应。

在复杂反应中,各步反应的速率是不一样的,整个复杂反应的反应速率取决于速率最慢的那一步反应,最慢的一步反应控制总反应的速率,因此被称为速控步骤。例如反应 $H_2 + I_2 \longrightarrow 2HI$,反应机理为

① $I_2 \Longrightarrow 2I$　　　　　（快）

② $2I + H_2 \longrightarrow 2HI$　　（慢）

式①是快反应,式②是慢反应,因此 $2I + H_2 \longrightarrow 2HI$ 是整个反应的速控步骤(定速步骤)。

在基元反应中,参加反应的反应物微粒(包括分子、原子、离子等)的数目,称为该基元反应的反应分子数。根据反应分子数可将基元反应分为单分子反应、双分子反应和三分子反应。

单分子反应:$SO_2Cl \Longrightarrow SO_2 + Cl_2$

双分子反应:$NO_2 + CO \Longrightarrow NO + CO_2$

三分子反应:$H_2 + 2I \Longrightarrow 2HI$

基元反应只有这 3 种类型,也就是说反应分子数只能取 1,2,3 中的一个数值。其中绝大多数是单分子反应和双分子反应,三分子反应是很少见的。

对于一个基元反应,在恒温时,反应速率与反应物浓度次方的乘积成正比,各浓度的次方项与反应物在反应方程中的系数相一致。这个规律称为质量作用定律。如基元反应 $aA + bB \longrightarrow$ 产物,速率方程式为

$$v = k c_A^a c_B^b$$

质量作用定律仅适用于基元反应。复杂反应由多步基元反应组成,总反应方程式不能表现出反应的机理,反应速率取决于速控步骤。因此,反应级数必须由实验测定,而与方程式中的系数没有必然联系。

2.4　温度与反应速率

温度是影响反应速率的主要因素之一。例如,氢气和氧气结合生成水的反应,常温下几乎不能觉察,但当温度上升到 873 K 以上时,反应便会迅速发生甚至发生爆炸;夏季室温高,食物容易腐烂变质,但放在冰箱里的食物就能贮存较长的时间。这些例子都说明反应速率与温度成正比关系,温度越高反应进行越快,温度越低反应进行越慢。

2.4.1 阿伦尼乌斯公式

根据实验结果,1889 年阿伦尼乌斯(Arrhenius)提出反应速率常数的经验公式,也就是阿伦尼乌斯公式

$$\lg k = -\frac{E_a}{2.303RT} + \lg A \tag{2.3}$$

或

$$k = Ae^{-E_a/RT} \tag{2.4}$$

式中,A 为指前因子(频率因子),同一个反应中看作一个常数;R 是摩尔气体常数,大小取 8.314 J/(mol·K);E_a 是反应的活化能,单位是 kJ/mol 或 J/mol,对同一反应,活化能不变。

阿伦尼乌斯公式不仅很好地反映了速率常数随温度变化的情况,还指出了活化能对反应速率常数的影响。

【例2.2】 实验测定了反应 $S_2O_8^{2-} + 3I^- \Longrightarrow 2SO_4^{2-} + I_3^-$ 在不同温度下的反应速率常数(见下表)。试求:

(1)反应的活化能 E_a;

(2)298 K 时的速率常数 k。

T/K	273	293
$k/[L/(mol \cdot s)]$	8.2×10^{-4}	4.1×10^{-3}

解:(1)设 T_1 时的速率常数为 k_1,T_2 时的速率常数为 k_2。由式(2.3)可得

$$\lg \frac{k_2}{k_1} = \frac{E_a}{2.303R}\left(\frac{T_2 - T_1}{T_2 T_1}\right) \tag{2.5}$$

将 273 K 和 293 K 的数据代入式(2.5),可求得 E_a:

$$\lg \frac{4.1 \times 10^{-3} \, L/(mol \cdot s)}{8.2 \times 10^{-4} \, L/(mol \cdot s)} = \frac{E_a(J/mol)}{2.303 \times 8.314 \, J/(mol \cdot K)} \times \left(\frac{293 \, K - 273 \, K}{293 \, K \times 273 \, K}\right)$$

$$E_a = 53.5 \, kJ/mol$$

(2)将温度 298 K 代入式(2.5),求得 298 K 时的速率常数 k 为

$$\lg \frac{k}{8.2 \times 10^{-4} \, L/(mol \cdot s)} = \frac{53\,500 \, J/mol}{2.303 \times 8.314 \, J/(mol \cdot K)} \times \left[\frac{298 \, K - 273 \, K}{298 \, K \times 273 \, K}\right]$$

$$k = 5.9 \times 10^{-3} \, L/(mol \cdot s)$$

从阿伦尼乌斯公式可以看出,反应速率或速率常数不仅与温度有关,而且与反应的活

化能 E_a 也密切相关。在一定温度下,反应的活化能越大,反应速率或速率常数就越小,而且影响很大。反应的活化能的意义如何?

阿伦尼乌斯第一次提出了活化能这个概念,他对活化能作了以下解释:反应物分子 R 必须经过一个中间活化状态 R^* 才能转变成产物 P,即

$$R \longrightarrow R^* \longrightarrow P$$

R 与 R^* 处于动态平衡状态,活化分子的能量比普通反应物分子高得多,由 R 转变为 R^* 需要吸收的能量即为 E_a。阿伦尼乌斯提出活化分子 R^* 的假想,但这个概念比较含糊,现在公认的反应速率理论是有效碰撞理论和过渡态理论,它们对活化能有较详细的微观解释。

2.4.2 有效碰撞理论

有效碰撞理论,是一种反应速率理论,由路易斯(Lewis)创立于 20 世纪初,主要适用于气体双分子反应。它的主要论点如下:

(1)把分子看成刚性球体,反应物分子必须相互碰撞才有可能发生反应,反应速率的快慢与单位时间内碰撞次数(即碰撞频率)成正比。碰撞频率与浓度成正比,此外温度越高碰撞次数也越多,这是因为温度越高分子运动得越快。

(2)碰撞是分子之间发生反应的必要条件,但非充分条件。当 A 和 B 两个反应物分子趋近到一定距离时,只有那些能量足够大,达到一个临界值 E_c 的反应物分子之间的碰撞才是能发生反应的有效碰撞。将能发生有效碰撞的反应物分子称为活化分子,活化分子的能量比一般反应物分子的能量高很多。E_c 是活化分子具有的最低能量,即能量高于 E_c 的反应物分子就是活化分子。

活化分子最低能量 E_c 与反应物分子平均能量 E_0 之差就是反应的活化能 E_a(也可以将活化能解释为普通反应物分子要变成活化分子发生有效碰撞必须吸收的最低能量),如图 2.1 所示。

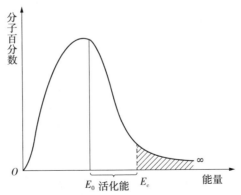

图 2.1　反应物分子能量分布(阴影部分代表活化分子)

（3）分子必须处于有利的方位才能发生有效的碰撞。如反应 $NO_2 + CO \longrightarrow NO + CO_2$，CO 分子中的 C 原子必须正面和 NO_2 分子中的 O 原子相碰才能发生有效碰撞，如图 2.2 所示。

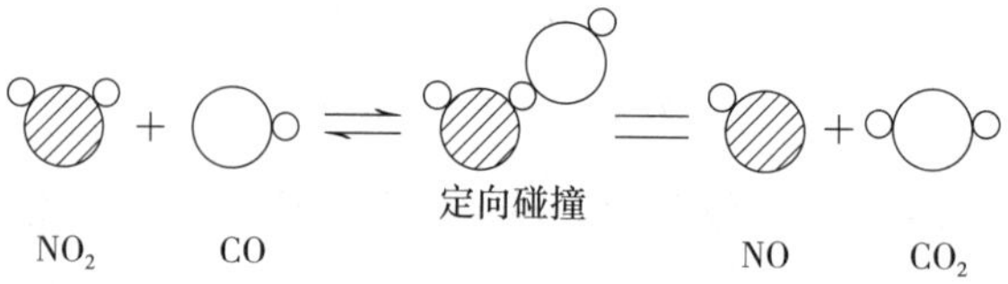

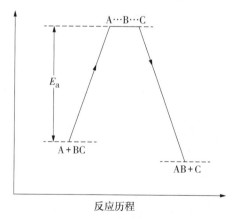

图 2.2　有效碰撞部位示意图

总之，有效碰撞理论对阿伦尼乌斯经验公式进行了理论上的论证，并清晰地解释了活化能的意义。有效碰撞理论比较直观，但仅限于气体双分子反应，它把分子当作刚性球体，而忽略了其内部结构。

2.4.3　过渡态理论

随着人们对原子、分子内部结构认识的深入，20 世纪 30 年代艾林（Eyring）和波兰尼（Polanyi）等，提出了反应速率的过渡态理论。该理论认为，反应物在转化为生成物的过程中，一定要经过一个中间过渡状态，即形成一种活化络合物。这个过渡状态就是活化状态，如

$$A + BC \longrightarrow A{\cdots}B{\cdots}C \longrightarrow AB + C$$

反应物　　　　活化络合物　　　产物

（始态）　　　（过渡态）　　　（终态）

过渡态的能量高于始态也高于终态，由此形成一个能垒，这种关系可用一个简化的图形表示，如图 2.3 所示。

图 2.3　过渡态能量示意图

过渡态和阿伦尼乌斯活化态的设想是一致的。按照过渡态理论,过渡态和始态的能量差 E_0 就是活化能,或者说活化络合物具有的最低能量与反应物分子平均能量之差为活化能。

根据有效碰撞理论和过渡态理论,可以总结出在实际应用中加快反应速率的方法。从活化分子和活化能的观点来看,增加单位体积内活化分子总数可加快反应速率,即

活化分子总数 = 活化分子分数 × 反应物分子总数

(1)增大反应物浓度(或气体压力):给定温度下,活化分子分数一定,增大反应物浓度(或气体压力)即增大单位体积内反应物分子总数,从而增大活化分子总数。显然,用这种方法来加快反应速率的效率通常并不高,而且是有限度的。

(2)升高温度:浓度一定时,反应物分子总数不变,升高温度能使更多反应物分子获得能量而成为活化分子,活化分子分数显著增加,从而增大活化分子总数。

注意:升高温度虽能使反应速率迅速地加快,但人们往往不希望反应在高温下进行,这不仅是因为需要高温设备,耗费热、电这类能量,而且反应的生成物在高温下可能不稳定或者会发生一些副反应。

(3)降低活化能:常温下普通反应物分子的能量不高,活化分子的分数通常极小。如果设法降低反应所需的活化能,在温度、浓度不变的情况下也能使更多反应物分子成为活化分子,那么活化分子分数就会显著增加,从而增大活化分子总数。选用催化剂是常用的降低活化能的手段。

2.5 催化剂对反应速率的影响

催化剂是能显著地改变反应速率,而其本身在反应前后组成、质量和化学性质都保持不变的一类物质。凡能加快反应速率的催化剂称为正催化剂,而减慢反应速率的催化剂则称为负催化剂。一般所说的催化剂均是指正催化剂,常常把负催化剂称为阻化剂。

虽然在反应前后催化剂的组成、质量、化学性质均不发生变化,但实际上它参与了化学反应,改变了反应的机理(或历程),降低了反应的活化能,只是在后来又被"复原"了。

设催化剂 K 能加速反应 $A + B \longrightarrow AB$,其反应机理分为两步,即

$$A + K \longrightarrow AK$$

$$AK + B \longrightarrow AB + K$$

反应过程的能量示意图如图 2.4 所示。非催化反应中需要克服一个活化能为 E_a 的较高能峰;而在有催化剂存在的情况下,反应途径改变,只需克服两个较小的能峰(E_1 和 E_2)。活化能降低了,因此反应速率加快。

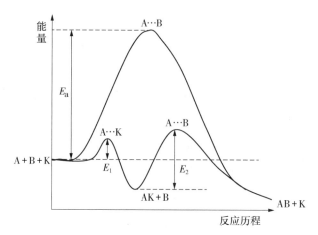

图 2.4　催化剂改变反应活化能

当代化学工业的巨大成就与催化剂在工业上的广泛应用是分不开的。无机化工原料硝酸、硫酸、合成氨的生产,汽油、煤油、柴油的精制,塑料、橡胶以及化纤单体的合成和聚合等都是随着工业催化剂的研制成功才得以推广应用的。

小　结

化学反应速率可以用单位时间内反应物或生成物浓度改变量的正值表示。对于 $a\mathrm{A}+b\mathrm{B} \longrightarrow c\mathrm{C}$,反应速率 v 可表述为

$$v = -\frac{1}{a}\frac{\Delta c_\mathrm{A}}{\Delta t} = -\frac{1}{b}\frac{\Delta c_\mathrm{B}}{\Delta t} = \frac{1}{c}\frac{\Delta c_\mathrm{C}}{\Delta t}$$

上述反应的瞬时速率方程为

$$v = kc_\mathrm{A}^{\alpha}c_\mathrm{B}^{\beta}$$

速率常数 k 和反应级数 α 和 β 皆可由实验直接测定。

阿伦尼乌斯速率公式为

$$k = A\mathrm{e}^{\frac{-E_\mathrm{a}}{RT}}$$

该公式表明了反应速率与温度的关系。它虽是经验公式,但提出了一个非常重要的概念 —— 活化能。

反应机理是以实验为基础的理论研究,从事反应机理的研究有助于对化学反应过程实质的深入理解,这是化学动力学研究的一个重要方面。

催化作用与生产、环保密切相关,国内外有许多化学工作者从事催化剂的研究与制造,而且已积累了相当丰富的经验。

习　题

一、选择题

1.某反应的速率常数 $k = 1.48 \times 10^{-2}$ L/(mol·s)，则反应级数为（　　）。

A.0 级　　　　　　B.一级　　　　　　C.二级　　　　　　D.三级

2.质量作用定律适用于（　　）。

A.任意反应　　　B.复杂反应　　　C.基元反应　　　D.吸热反应

3.有两个相同类型的基元反应，均为 A + B $\Longrightarrow$ D_2 型。已知第一个反应的活化能 E_{a1} 大于第二个反应的活化能 E_{a2}，则这两个反应的速率常数 k_1 与 k_2 的关系为（　　）。

A.$k_1 > k_2$　　　B.$k_1 = k_2$　　　C.$k_1 < k_2$　　　D.不能确定

4.升高温度可以增大反应速率，其主要原因是（　　）。

A.活化分子百分数增大　　　　　　B.反应的活化能降低

C.反应的摩尔吉布斯自由能减小　　D.反应的速率常数减小

5.反应 A + B_2 $\longrightarrow$ AB_2，欲增大正反应速率，下列操作无用的是（　　）。

A.增加反应物浓度　　　　　　B.加入催化剂

C.升高温度　　　　　　　　　D.减少产物浓度

二、计算题

1.有反应 $aA + bB \Longrightarrow cC + dD$，现分别取浓度为 a mol/L 的 A 和浓度为 b mol/L 的 B 置于容器中，60 s 后，测得容器内 A 的浓度为 x mol/L。请计算此时 B 和 C 的浓度，并以物质 A 的浓度变化来表示这段时间内的平均反应速率。

2.已知某反应 A $\longrightarrow$ B + D，当 $c_A = 0.50$ mol/L 时，正反应速率 $v = 0.014$ mol/(L·s)。若该反应为：(1) 零级反应；(2) 一级反应；(3) 二级反应。分别求 $c_A = 1.2$ mol/L 时上述反应的反应速率。

3.某温度下，反应 2A + B $\longrightarrow$ D 的有关实验数据如下表所示。求此反应的速率常数 k。

初始浓度		最初速率
$c_A/(\text{mol} \cdot \text{L}^{-1})$	$c_B/(\text{mol} \cdot \text{L}^{-1})$	$v/[\text{mol} \cdot (\text{L} \cdot \text{min})^{-1}]$
0.05	0.05	4.2×10^{-2}

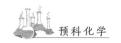

续表

初始浓度		最初速率
$c_A/(mol \cdot L^{-1})$	$c_B/(mol \cdot L^{-1})$	$v/[mol \cdot (L \cdot min)^{-1}]$
0.10	0.05	8.4×10^{-2}
0.10	0.10	3.36×10^{-1}

4.在 373 K 时,反应 A + B $\longrightarrow$ C + D 的实验数据如下:

初始浓度		最初速率
$c_A/(mol \cdot L^{-1})$	$c_B/(mol \cdot L^{-1})$	$v/[mol \cdot (L \cdot min)^{-1}]$
0.10	1.0	3.2×10^{-5}
0.50	1.0	1.6×10^{-4}
0.50	4.0	2.56×10^{-3}

(1)确定反应级数,写出速率方程;

(2)计算此温度下的速率常数。

5.反应中 A 和 B 生成 C,从 3 次实验中得到以下数据:

$c_A/(mol \cdot L^{-1})$	$c_B/(mol \cdot L^{-1})$	$v/[mol \cdot (L \cdot min)^{-1}]$
0.60	0.15	6.3×10^{-3}
0.20	0.60	2.8×10^{-3}
0.20	0.15	7.0×10^{-4}

(1)写出该反应的速率方程式,求反应总级数;

(2)求反应速率常数。

6.某温度下,反应 2NO + O_2 $\Longrightarrow$ 2NO_2。已知反应速率常数 $k = 8.8 \times 10^{-2}$ $L^2/(mol^2 \cdot s)$,反应对 O_2 来说是一级反应。求:

(1)NO 的反应级数并写出速率方程;

(2)当 NO 和 O_2 的浓度都是 0.05 mol/L 时的反应速率。

7.已知 A $\longrightarrow$ B 为二级反应。当 A 的浓度为 0.05 mol/L 时,反应速率 v 为 1.2 mol/(L $\cdot$ min)。

(1)写出该反应的速率方程,计算速率常数 k;

（2）温度不变时,欲使反应速率加倍,A 的浓度应变为多少?

三、问答题

1.已知反应 $A_2 + B_2 \Longrightarrow 2AB$ 的速率方程为 $v = kc_{A_2}c_{B_2}$,请判断该反应是否为基元反应。

2.已知各基元反应的活化能如下表:

序　号	A	B	C	D	E
正反应活化能／$(kJ \cdot mol^{-1})$	70	16	40	20	20
逆反应活化能／$(kJ \cdot mol^{-1})$	20	35	45	80	30

在相同温度下,判断满足下列条件的反应(每题答案唯一):

（1）正反应是吸热的反应;

（2）放热最多的反应;

（3）正反应速率常数最大的反应;

（4）反应可逆程度最大的反应;

（5）正反应的速率常数 k 随温度变化最大的反应。

3.已知反应 $A + B \longrightarrow C$ 的速率方程为 $v = kc_A c_B^{1/2}$,请写出该反应速率的单位和速率常数的单位(浓度单位:mol/L,时间单位:s)。

4.通过阿伦尼乌斯公式判断:升高温度,反应速率常数将如何变化? 使用催化剂,反应速率常数将如何变化? 增加反应物浓度,反应速率常数将如何变化?

第 3 章　　化学平衡

严格地说,绝大多数化学反应都是可逆地进行的。在一定条件下,当可逆反应进行到一定程度时,正反应速率就等于逆反应速率,反应物和生成物的浓度也不再变化,这种表面静止的状态就称为化学平衡状态。化学平衡状态有以下特征:

(1) 只有在恒温条件下,封闭体系中进行的可逆反应,才能建立化学平衡。

(2) 化学平衡是动态平衡。表面上反应停止,实际仍在进行。

(3) 化学平衡最主要的特征是正逆反应速率相等。

(4) 可逆反应达到平衡的标志是体系内各物质的浓度或压强在外界条件不变的情况下保持不变。

(5) 当外界条件改变时,平衡被打破,直到新的平衡建立。

当化学反应达到平衡状态时,反应体系内各物质的浓度(分压)保持不变,处于平衡状态的物质的浓度(分压)称为平衡浓度(分压)。反应物和生成物平衡浓度(分压)之间的定量关系可用平衡常数来表示。平衡常数就是表明化学反应进行程度的一种特性常数。本章首先介绍平衡常数的测定方法以及它和 $\Delta_r G(T)$ 的关系,然后应用平衡常数讨论平衡的移动问题。

3.1　平衡常数

3.1.1　经验平衡常数

在一个普通的可逆反应中,若用 A 和 B 代表反应物,Y 和 Z 代表生成物,a、b、y、z 分别代表化学方程式中 A、B、Y、Z 的系数,则化学反应方程式可表达为

$$aA + bB \Longrightarrow yY + zZ$$

在温度 T 时,上述反应达到平衡,各物质平衡浓度 $[A]_{平衡}$、$[B]_{平衡}$、$[Y]_{平衡}$、$[Z]_{平衡}$ 之间

满足

$$\frac{[Y]_{平衡}^{y}[Z]_{平衡}^{z}}{[A]_{平衡}^{a}[B]_{平衡}^{b}} = K_c \tag{3.1}$$

其中，K_c 是常数，称为该反应在温度 T 时的浓度平衡常数，K_c 的单位是 $(mol/L)^{\Delta n}$，$\Delta n = y + z - (a + b)$。当 $\Delta n = 0$ 时，K_c 无量纲；当 $\Delta n \neq 0$ 时，K_c 有量纲。

气相可逆反应还常由各气体平衡分压求出另一种平衡常数 K_p，称为压力平衡常数。对于 $aA(g) + bB(g) \rightleftharpoons yY(g) + zZ(g)$，反应达平衡时

$$K_p = \frac{p^y(Y)_{平衡} p^z(Z)_{平衡}}{p^a(A)_{平衡} p^b(B)_{平衡}} \tag{3.2}$$

例如，合成氨反应 $N_2(g) + 3H_2(g) \rightleftharpoons 2NH_3(g)$，反应达平衡时

$$K_p = \frac{p^2(NH_3)_{平衡}}{p(N_2)_{平衡} p^3(H_2)_{平衡}}$$

在书写和应用平衡常数时，应注意以下几点：

（1）平衡常数表达式中，各物质的浓度（分压）均为平衡时的浓度（分压）。温度是平衡常数唯一的影响因素，一定的反应，只要温度不变，平衡常数就不变。

（2）对于反应物或生成物中的固态物质或液态的纯物质，它们的分压或浓度不写入平衡常数表达式，因为它们的浓度（分压）几乎固定不变，可以看成常数归入平衡常数项，如

$$CaCO_3(s) \rightleftharpoons CaO(s) + CO_2(g) \qquad K_p = p(CO_2)_{平衡}$$

$$Fe_2O_3(s) + 3CO(g) \rightleftharpoons 2Fe(s) + 3CO_2(g) \qquad K_p = \frac{p^3(CO_2)_{平衡}}{p^3(CO)_{平衡}}$$

$$2I^-(aq) + Br_2(l) \rightleftharpoons 2Br^-(aq) + I_2(s) \qquad K_c = \frac{[Br^-]_{平衡}^2}{[I^-]_{平衡}^2}$$

在稀水溶液中进行的反应，水的浓度不写入平衡常数表达式，但如果是气相反应，水蒸气的浓度（分压）应写入平衡常数表达式，如

$$CO_2(g) + H_2(g) \rightleftharpoons H_2O(g) + CO(g) \qquad K_c = \frac{[CO]_{平衡}[H_2O]_{平衡}}{[CO_2]_{平衡}[H_2]_{平衡}}$$

（3）平衡常数表示式要与化学方程式相对应，平衡体系的化学方程式可以有不同的写法，K 的表示也随之不同，如

$$N_2O_4(g) \rightleftharpoons 2NO_2(g) \qquad K = \frac{[NO_2]^2}{[N_2O_4]} \qquad (373\ K)$$

$$\frac{1}{2}N_2O_4(g) \rightleftharpoons NO_2(g) \qquad K' = \frac{[NO_2]}{[N_2O_4]^{\frac{1}{2}}} \qquad (373\ K)$$

$$2NO_2(g) \rightleftharpoons N_2O_4(g) \qquad\qquad K'' = \frac{[N_2O_4]}{[NO_2]^2} \qquad (373\ K)$$

要严格按照方程式来书写平衡常数表达式,如果题目没有给出具体方程式,那么默认为配平方程式。

(4)根据理想气体方程,可以推导出两种平衡常数之间的关系为

$$K_p = K_c(RT)^{\Delta n} \qquad\qquad (3.3)$$

式中,Δn 是指反应方程式中生成物和反应物的气体计量系数之差,即

$$\Delta n = (y + z) - (a + b)$$

其推导过程如下

$$pV = nRT \Rightarrow p = \frac{n}{V}RT = cRT$$

以合成氨反应 $N_2(g) + 3H_2(g) \rightleftharpoons 2NH_3(g)$ 为例,有

$$K_p = \frac{p^2(NH_3)}{p(N_2)p^3(H_2)}$$

$$= \frac{[NH_3]^2(RT)^2}{[N_2]RT[H_2]^3(RT)^3}$$

$$= \frac{[NH_3]^2}{[N_2][H_2]^3}(RT)^{2-(1+3)}$$

$$= K_c(RT)^{-2}$$

【例 3.1】 已知 $2SO_2(g) + O_2(g) \rightleftharpoons 2SO_3(g)$,$K_p(1\,000\ K) = 0.034\,6$。试求在 $1\,000\ K$ 下的 K_c。

解: $\quad K_c = K_p(RT)^{-\Delta n}$

$$= 0.034\,6\ kPa^{-1} \times [8.314(kPa \cdot L)/(mol \cdot K) \times 1\,000\ K]^1$$

$$= 288\ L/mol$$

3.1.2 经验平衡常数的应用

利用某一反应的平衡常数,可以从起始时反应物的量(物质的量浓度),计算达到平衡时各反应物和生成物的量(物质的量浓度)以及反应物的转化率。反应物的转化率是指该反应物已转化的量占其起始量的百分率,即

$$反应物的转化率 = \frac{反应物已转化的量}{反应物起始的量} \times 100\%$$

【例 3.2】 557 ℃ 时,在密闭容器中进行反应 $CO(g) + H_2O(g) \rightleftharpoons CO_2(g) +$

$H_2(g)$。若反应开始时 CO 的浓度为 2 mol/L,水蒸气浓度为 3 mol/L,达到平衡时测得 CO_2 的浓度为 1.2 mol/L。求 CO 和 H_2O 的转化率 α。

解:

$$CO(g) + H_2O(g) \rightleftharpoons CO_2(g) + H_2(g)$$

起始浓度(mol/L)	2	3	0	0
转化浓度(mol/L)	− 1.2	− 1.2	1.2	1.2
平衡浓度(mol/L)	0.8	1.8	1.2	1.2

所以 CO 的转化率为

$$\alpha_{co} = \frac{1.2 \ mol/L}{2 \ mol/L} \times 100\% = 60\%$$

H_2O 的转化率为

$$\alpha_{H_2O} = \frac{1.2 \ mol/L}{3 \ mol/L} \times 100\% = 40\%$$

【例 3.3】 某温度下,在密闭容器中进行反应 $2SO_2(g) + O_2(g) \rightleftharpoons 2SO_3(g)$。已知 SO_2 的起始浓度是 0.4 mol/L,O_2 的起始浓度是 1 mol/L,SO_2 的转化率为 80% 时,反应达到平衡状态。求该条件下此反应的平衡常数 K_c。

解:

$$2SO_2(g) + O_2(g) \rightleftharpoons 2SO_3(g)$$

系数比	2	1	2
起始浓度(mol/L)	0.4	1	0
转化浓度(mol/L)	− 0.4 × 80%	− 0.16	0.32
平衡浓度(mol/L)	0.08	0.84	0.32

所以

$$K_c = \frac{(0.32 \ mol/L)^2}{0.84 \ mol/L \times (0.08 \ mol/L)^2} = 19.05 \ L/mol$$

由此可知,通过实验测定了物质的转化率,就可求出平衡常数;知道了平衡常数,又可以计算反应中相应物质的转化率。在某一定温度下,一个反应只有一个浓度或压力平衡常数,但反应中物质的转化率可以不同。

【例 3.4】 在 749 K 时,可逆反应 $H_2O(g) + CO(g) \rightleftharpoons H_2(g) + CO_2(g)$ 在密闭容器中建立化学平衡,已知该反应的浓度平衡常数 $K_c = 1$。求:

(1) 当 $H_2O(g)$ 与 $CO(g)$ 的起始浓度之比为 1 时,CO 的转化率;

(2) 当 $H_2O(g)$ 与 $CO(g)$ 的起始浓度之比为 3 时,CO 的转化率;

(3) 从计算结果说明反应物浓度对转化率的影响。

解:(1) 设 CO 的起始浓度为 x,则

$$H_2O(g) + CO(g) \rightleftharpoons H_2(g) + CO_2(g)$$

| 起始浓度(mol/L) | x | x | 0 | 0 |
| 平衡浓度(mol/L) | $x - x\alpha$ | $x - x\alpha$ | $x\alpha$ | $x\alpha$ |

$$K_c = \frac{[H_2][CO_2]}{[H_2O][CO]} = \frac{(x\alpha)^2}{(x - x\alpha)^2} = 1$$

$$\longrightarrow \frac{x\alpha}{x - x\alpha} = 1 \longrightarrow \frac{\alpha}{1 - \alpha} = 1 \longrightarrow \alpha = 0.5 = 50\%$$

（2）设 CO 的起始浓度为 x，则

$$H_2O(g) + CO(g) \rightleftharpoons H_2(g) + CO_2(g)$$

| 起始浓度(mol/L) | $3x$ | x | 0 | 0 |
| 平衡浓度(mol/L) | $3x - x\alpha$ | $x - x\alpha$ | $x\alpha$ | $x\alpha$ |

$$K_c = \frac{[H_2][CO_2]}{[H_2O][CO]} = \frac{(x\alpha)^2}{(x - x\alpha)(3x - x\alpha)} = 1$$

$$\longrightarrow \frac{\alpha^2}{(1 - \alpha)(3 - \alpha)} = 1$$

$$\longrightarrow \alpha = 0.75 = 75\%$$

（3）前两问的计算结果说明：增大某一种反应物的浓度，可以使另一种反应物的转化率增大。

由此看来，转化率受反应物起始浓度的影响，而平衡常数则只与温度有关，不受起始浓度的影响。通常平衡常数 K 越大，达到平衡时生成物的分压或浓度就越大，而反应物的分压或浓度就越小，也就是正反应进行的程度越大，即该反应进行越彻底；相反，K 越小，则表示达到平衡时反应物的分压或浓度越大，而生成物的分压或浓度越小，也就是逆反应进行的程度越大，即该反应进行越不彻底。

3.1.3 标准平衡常数与吉布斯自由能变

在经验平衡常数表达式中，若用各物质的相对平衡浓度（分压）代替平衡浓度（分压），那么得到的新的平衡常数就为标准平衡常数。例如，一定温度下某一气体可逆反应 $aA(g) + bB(g) \rightleftharpoons yY(g) + zZ(g)$ 经过一段时间后，达到化学平衡，根据标准平衡常数的定义可得：

（1）其标准平衡常数 $K_p^\ominus$ 的具体形式为

$$K_p^\ominus = \frac{\left(\dfrac{p_{Y,平衡}}{p^\ominus}\right)^y \times \left(\dfrac{p_{Z,平衡}}{p^\ominus}\right)^z}{\left(\dfrac{p_{A,平衡}}{p^\ominus}\right)^a \times \left(\dfrac{p_{B,平衡}}{p^\ominus}\right)^b} \tag{3.4}$$

其中,p^{Θ} 为标准大气压,101.325 kPa,为方便计算一般取 100 kPa。

（2）其标准平衡常数 K_{c}^{Θ} 的具体形式为

$$K_{c}^{\Theta} = \frac{\left(\dfrac{c_{Y,平衡}}{c^{\Theta}}\right)^{y} \times \left(\dfrac{c_{Z,平衡}}{c^{\Theta}}\right)^{z}}{\left(\dfrac{c_{A,平衡}}{c^{\Theta}}\right)^{a} \times \left(\dfrac{c_{B,平衡}}{c^{\Theta}}\right)^{b}} \tag{3.5}$$

其中,c^{Θ} 为标准浓度,1 mol/L。

对于标准平衡常数,需要注意以下 3 点:

（1）标准平衡常数只是温度的函数,与压强及浓度无关。

（2）标准平衡常数的量纲为 1。

（3）标准平衡常数与化学方程式的写法有关。

【例 3.5】　一密闭的容器中装有 $N_2O_4(g)$,已知起始压强为 84.2 kPa,在 25 ℃ 时,N_2O_4 按下式进行部分解离:$N_2O_4(g) \rightleftharpoons 2NO_2(g)$。实验测得该反应平衡时容器内压强为 100 kPa。试求 $N_2O_4(g)$ 的转化率 α 及解离反应的标准平衡常数 K_p^{Θ}。

解:设 $N_2O_4(g)$ 的转化率为 α,则解离反应达平衡时各组分的分压为

$$N_2O_4(g) \rightleftharpoons 2NO_2(g)$$

起始压强(kPa)　　　　　84.2　　　　　　0

平衡分压(kPa)　　　　$(1-\alpha) \times 84.2$　　$2\alpha \times 84.2$

由平衡时,容器内压强为 100 kPa,可得

$$100\ \text{kPa} = (1-\alpha) \times 84.2\ \text{kPa} + 2\alpha \times 84.2\ \text{kPa}$$

所以

$$\alpha = \frac{100\ \text{kPa} - 84.2\ \text{kPa}}{84.2\ \text{kPa}} \times 100\% = 18.8\%$$

$$\begin{aligned}
K_p^{\Theta} &= \frac{[p(NO_2)_{平衡}/p^{\Theta}]^2}{[p(N_2O_4)_{平衡}/p^{\Theta}]} = \frac{\left(\dfrac{2\alpha \times 84.2\ \text{kPa}}{p^{\Theta}}\right)^2}{\dfrac{(1-\alpha) \times 84.2\ \text{kPa}}{p^{\Theta}}} \\
&= \frac{(2\alpha \times 84.2\ \text{kPa})^2}{(1-\alpha) \times 84.2\ \text{kPa} \times p^{\Theta}} \\
&= \frac{(2 \times 0.188 \times 84.2\ \text{kPa})^2}{(1-0.188) \times 84.2\ \text{kPa} \times 100\ \text{kPa}} = 0.147
\end{aligned}$$

反应的吉布斯自由能 $\Delta_r G$ 是热力学概念,为状态函数,受物质分压(浓度)和温度影响,一般用来判断反应进行的方向。可逆反应的吉布斯自由能用 $\Delta_r G$ 来表示。对于可逆反应 $a\text{A} + b\text{B} \rightleftharpoons c\text{C} + d\text{D}$,其吉布斯自由能等于各生成物的吉布斯自由能乘以各自方程

式系数后的和减去各反应物的吉布斯自由能乘以各自方程式系数后的和,即

$$\Delta_r G = c \times \Delta G_C + d \times \Delta G_D - (a \times \Delta G_A + b \times \Delta G_B)$$

根据化学热力学规定,有:

(1) 当 $\Delta_r G < 0$ 时,该可逆反应正向进行(反应方向为正向)。

(2) 当 $\Delta_r G > 0$ 时,该可逆反应逆向进行(反应方向为逆向)。

(3) 当 $\Delta_r G = 0$ 时,该可逆反应达化学平衡。

在可逆反应中,无论方向如何,随着反应的进行,$\Delta_r G$ 的绝对值均逐渐减小,直到 $\Delta_r G = 0$,即反应达到化学平衡。

物质在标准状态下(气压恒定为标准大气压,浓度恒定为标准浓度)的吉布斯自由能称为标准自由能,用符号 $\Delta G^{\ominus}(T)$ 表示。由于浓度和气压恒定不变,所以它只受温度影响。在 298 K 时,常见物质的标准自由能见表 3.1。

表 3.1　常见物质的标准自由能(298 K)

物质 /g	H_2	N_2	O_2	Cl_2	HCl	NH_3	HI	H_2O
$G^{\ominus}(T)/(kJ \cdot mol^{-1})$	0	0	0	0	− 95.27	− 16.6	1.3	− 228.6

在实际应用中,大多数可逆反应在非标准状态下进行,因此对判断反应方向具有实用意义的判据是 $\Delta_r G$。那么某一反应在温度 T 时,任意状态的 $\Delta_r G(T)$ 和标准状态的 $\Delta_r G^{\ominus}(T)$ 以及标准平衡常数之间又是什么关系呢? 表述该关系的方程称为范特霍夫(Van't Hoff) 等温方程式,即

$$\Delta_r G(T) = \Delta_r G^{\ominus}(T) + RT \ln Q \tag{3.6}$$

对于气体反应,有 $Q_p = \dfrac{(p_C/p^{\ominus})^c (p_D/p^{\ominus})^d}{(p_A/p^{\ominus})^a (p_B/p^{\ominus})^b}$,$p_A$、$p_B$、$p_C$ 和 p_D 分别代表反应物和生成物在非平衡状态下的分压,Q_p 称为起始分压商,简称分压商;如果是溶液反应,有 $Q_c = \dfrac{(c_C/c^{\ominus})^c (c_D/c^{\ominus})^d}{(c_A/c^{\ominus})^a (c_B/c^{\ominus})^b}$,$Q_c$ 称为浓度商。Q 的形式、写法和标准平衡常数完全相同,只是分压或浓度的取值不是平衡状态而是起始状态。

将式(3.6)中 Q_p 展开(换成 Q_c 过程完全一样),得到

$$\Delta_r G(T) = \Delta_r G^{\ominus}(T) + RT \ln \frac{(p_C/p^{\ominus})^c (p_D/p^{\ominus})^d}{(p_A/p^{\ominus})^a (p_B/p^{\ominus})^b} \tag{3.7}$$

若体系处于平衡状态,则 $\Delta_r G(T) = 0$,且各物质的分压都是指平衡分压,分别用 $p_{A,平衡}$、$p_{B,平衡}$、$p_{C,平衡}$ 和 $p_{D,平衡}$ 表示,则有

$$\Delta_r G^{\ominus}(T) + RT \ln \frac{\left(\dfrac{p_{C,平衡}}{p^{\ominus}}\right)^c \left(\dfrac{p_{D,平衡}}{p^{\ominus}}\right)^d}{\left(\dfrac{p_{A,平衡}}{p^{\ominus}}\right)^a \left(\dfrac{p_{B,平衡}}{p^{\ominus}}\right)^b} = 0$$

式中

$$\frac{\left(\dfrac{p_{C,平衡}}{p^{\ominus}}\right)^c \times \left(\dfrac{p_{D,平衡}}{p^{\ominus}}\right)^d}{\left(\dfrac{p_{A,平衡}}{p^{\ominus}}\right)^a \times \left(\dfrac{p_{B,平衡}}{p^{\ominus}}\right)^b} = K_p^{\ominus}$$

所以

$$\Delta_r G^{\ominus}(T) = -RT \ln K_p^{\ominus} \tag{3.8}$$

将式(3.8)代入式(3.6),得

$$\Delta_r G(T) = -RT \ln K_p^{\ominus} + RT \ln Q_p$$

换成分压、浓度都适用的普遍情况,则得

$$\Delta_r G(T) = RT \ln \frac{Q}{K^{\ominus}} \tag{3.9}$$

式中,Q 为起始分压商或浓度商;$K^{\ominus}$ 为标准平衡常数。

由式(3.9)可得:(在 $K^{\ominus}$ 已知的情况下)

(1) 当 $Q < K^{\ominus}$,则 $Q/K^{\ominus} < 1$,$\Delta_r G(T) < 0$,反应正向进行;

(2) 当 $Q = K^{\ominus}$,则 $Q/K^{\ominus} = 1$,$\Delta_r G(T) = 0$,反应处于平衡状态;

(3) 当 $Q > K^{\ominus}$,则 $Q/K^{\ominus} > 1$,$\Delta_r G(T) > 0$,反应逆向进行。

可见通过比较代表起始状态的 Q 和代表平衡状态的 $K^{\ominus}$ 之间的大小,就能方便的判断出反应在起始时的反应方向。

【例3.6】　已知973 K时,反应 $CO(g) + H_2O(g) \rightleftharpoons CO_2(g) + H_2(g)$ 的标准平衡常数 $K_p^{\ominus} = 0.71$,通过计算,回答下列问题:

(1) 各物质的分压均为 152 kPa 时,判断反应方向。

(2) 温度不变,若增大反应物压强,使 $p(CO) = 300$ kPa,$p(H_2O) = 400$ kPa,$p(CO_2) = p(H_2) = 152$ kPa,再判断该反应进行的方向。

解:(1) 根据题意得

$$Q_p = \frac{\dfrac{152}{100}\text{ kPa} \times \dfrac{152}{100}\text{ kPa}}{\dfrac{152}{100}\text{ kPa} \times \dfrac{152}{100}\text{ kPa}} = 1$$

所以

$$Q_p > K_p^{\ominus}$$

根据范特霍夫等温方程式得

$$\Delta_r G(T) > 0$$

所以此反应方向为逆向。

（2）根据题意得

$$Q_p = \frac{\left(\frac{152}{100}\right) \text{kPa} \times \left(\frac{152}{100}\right) \text{kPa}}{\left(\frac{300}{100}\right) \text{kPa} \times \left(\frac{400}{100}\right) \text{kPa}} = 0.19$$

所以

$$Q_p < K_p^\ominus$$

根据范特霍夫等温方程式得

$$\Delta_r G(T) < 0$$

所以在此条件下反应方向为正向。

【例 3.7】 已知反应 $CO(g) + H_2O(g) \rightleftharpoons CO_2(g) + H_2(g)$ 在某温度下的标准平衡常数 $K_p^\ominus = 1$。在此温度下，于 6 L 的容器中加入 2 L 3.04×10^5 Pa 的 $CO(g)$；3 L 2.02×10^5 Pa 的 $CO_2(g)$；6 L 2.02×10^5 Pa 的 $H_2O(g)$ 和 1 L 2.02×10^5 Pa 的 $H_2(g)$。问该反应朝哪个方向进行？

解：根据题意知

$$Q_p = \frac{(p_{CO_2}/p^\ominus)(p_{H_2}/p^\ominus)}{(p_{CO}/p^\ominus)(p_{H_2O}/p^\ominus)} = \frac{2.02}{3.04} = 0.66$$

所以

$$Q_p < K_p^\ominus$$
$$\Delta_r G(T) < 0$$

故该反应朝正反应方向进行。

3.2　化学平衡的移动

任何化学平衡都是一定温度、压强、浓度条件下的暂时的动态平衡。一旦反应条件发生变化，原有的平衡状态就会被破坏，直到与新的条件相适应，系统又达到新的平衡。这种因条件的改变使化学反应从原来的平衡状态转变到新的平衡状态的过程，称为化学平衡的移动。

化学平衡移动的方向，实际就是现阶段反应进行的方向，所以化学平衡移动的方向同

样由反应的 $\Delta_r G$ 决定。因此,当浓度、压强或温度发生变化时,$K^\ominus$ 和 Q 中就会有且只有一个随之发生变化 —— 浓度或压强的改变可能使 Q 改变而保持 $K^\ominus$ 不变,温度的改变则使 $K^\ominus$ 改变而保持 Q 不变,然后根据 $Q/K^\ominus$ 与 1 的大小关系即可判断化学平衡移动的方向。本节将分别讨论浓度、压强、温度对化学平衡移动的影响。

3.2.1　浓度对化学平衡移动的影响

一定温度下,当可逆反应 $a\mathrm{A} + b\mathrm{B} \rightleftharpoons c\mathrm{C} + d\mathrm{D}$ 达到化学平衡时,Q_c 等于标准浓度平衡常数 $K_c^\ominus$,则有

$$Q_c = K_c^\ominus = \frac{(c_{\mathrm{C,平衡}}/c^\ominus)^c (c_{\mathrm{D,平衡}}/c^\ominus)^d}{(c_{\mathrm{A,平衡}}/c^\ominus)^a (c_{\mathrm{B,平衡}}/c^\ominus)^b}$$

(1) 增大反应物的浓度(或减小产物的浓度),Q_c 减小,标准浓度平衡常数 $K_c^\ominus$ 不变(只受温度影响),则此时 $Q_c < K_c^\ominus$,$\Delta_r G(T) < 0$,所以反应正向进行,即化学平衡向右移动。

(2) 增大产物的浓度(或减小反应物的浓度),Q_c 增大,标准浓度平衡常数 $K_c^\ominus$ 不变(只受温度影响),则此时 $Q_c > K_c^\ominus$,$\Delta_r G(T) > 0$,所以反应逆向进行,即化学平衡向左移动。

3.2.2　压强对化学平衡移动的影响

压强的变化对固相或液相反应的化学平衡几乎没有影响,而对那些反应方程式左右两边气体系数之和不相等的气相反应而言,压强的改变则会影响它们的平衡状态。压强对反应的影响程度可以通过平衡常数进行计算。

【例 3.8】　已知在 325 K,容器内总压为 100 kPa 时,反应 $\mathrm{N_2O_4(g)} \rightleftharpoons 2\mathrm{NO_2(g)}$ 中,反应物 $\mathrm{N_2O_4}$ 的转化率 α 为 50.2%。如保持温度不变,容器内压强增加至 1 000 kPa,求此时 $\mathrm{N_2O_4}$ 的转化率 α'。

解: 设反应开始时有 x mol/L $\mathrm{N_2O_4}$,则平衡时分解 0.502 x mol/L,故有

$$\mathrm{N_2O_4(g)} \rightleftharpoons 2\mathrm{NO_2(g)}$$

	$\mathrm{N_2O_4}$	$\mathrm{NO_2}$
起始浓度(mol/L)	x	0
反应浓度(mol/L)	$-0.502\,x$	$2 \times 0.502\,x$
平衡浓度(mol/L)	$0.498\,x$	$1.004\,x$

所以,达到平衡状态时,容器内物质的总浓度为 1.502 x mol/L

设反应达平衡状态时容器内总压为 p,那么反应物 $\mathrm{N_2O_4}$ 的分压 $p(\mathrm{N_2O_4}) = p \times$

$\left(\dfrac{0.498}{1.502}\right)$ kPa，NO_2 的分压 $p(NO_2) = p \times \left(\dfrac{1.004}{1.502}\right)$ kPa。代入 $K_p^\ominus$ 表达式，得

$$K_p^\ominus = \frac{[p(NO_2)/p^\ominus]^2}{p(N_2O_4)/p^\ominus} = \frac{p^2 \times \left(\dfrac{1.004}{1.502}\right)^2}{p \times \left(\dfrac{0.498}{1.502}\right) \times p^\ominus} = \frac{p \times (1.004)^2}{(0.498) \times (1.502) \times p^\ominus}$$

在 325 K，100 kPa 时，有

$$K_p^\ominus = \frac{100\ kPa}{100\ kPa} \times \frac{(1.004)^2}{(0.498) \times (1.502)} = 1.35$$

因 $K_p^\ominus$ 不随压强变化，所以当 $p = 1\,000$ kPa 时，α' 可由 $K_p^\ominus$ 计算得出

$$\frac{1\,000}{100} \times \left[\frac{4\alpha'^2}{1 - \alpha'^2}\right] = 1.35$$

$$\alpha' = 0.181$$

所以在 $1\,000$ kPa 时 N_2O_4 的转化率 α' 为 18.1%。

根据例 3.8 的结果可知，当反应体系的压强由 100 kPa 增加到 1 000 kPa 时，平衡向左移动，即 N_2O_4 的转化率减小。由此可推导得出：压强对平衡移动的影响应遵循如下原则：

（1）增大压强，平衡向气体系数之和减小（或气体体积缩小）的方向移动。

（2）减小压强，平衡向气体系数之和增大（或气体体积增大）的方向移动。

对那些反应方程式左右两边气体系数之和相等的气相反应而言，压强对它们的平衡也没有影响，因为增大或减小压强对生成物和反应物的分压产生的影响是等效的。

例如，对于反应 $a\mathrm{A}(g) + b\mathrm{B}(g) \rightleftharpoons c\mathrm{C}(g) + d\mathrm{D}(g)$，已知 $a + b = c + d$，则平衡时，标准压力平衡常数为

$$K_p^\ominus = \frac{\left(\dfrac{p_{C,\text{平衡}}}{p^\ominus}\right)^c \left(\dfrac{p_{D,\text{平衡}}}{p^\ominus}\right)^d}{\left(\dfrac{p_{A,\text{平衡}}}{p^\ominus}\right)^a \left(\dfrac{p_{B,\text{平衡}}}{p^\ominus}\right)^b}$$

此时体系压强增加到之前的 n 倍，各组分的分压也增大到之前的 n 倍，则有

$$Q_p = \frac{\left(\dfrac{np_{C,\text{平衡}}}{p^\ominus}\right)^c \left(\dfrac{np_{D,\text{平衡}}}{p^\ominus}\right)^d}{\left(\dfrac{np_{A,\text{平衡}}}{p^\ominus}\right)^a \left(\dfrac{np_{B,\text{平衡}}}{p^\ominus}\right)^b}$$

$$= \frac{\left(\dfrac{p_{C,\text{平衡}}}{p^\ominus}\right)^c \left(\dfrac{p_{D,\text{平衡}}}{p^\ominus}\right)^d}{\left(\dfrac{p_{A,\text{平衡}}}{p^\ominus}\right)^a \left(\dfrac{p_{B,\text{平衡}}}{p^\ominus}\right)^b} \times n^{(c+d)-(a+b)}$$

$$= K_p^\ominus \times n^{(c+d)-(a+b)}$$

因为 $a+b=c+d$，所以 $n^{(c+d)-(a+b)}=1$，$Q_p=K_p^\ominus$，$\Delta_r G=0$，故平衡不发生移动。

3.2.3　温度对化学平衡移动的影响

若要了解温度对化学平衡移动的影响，那么首先要知道标准平衡常数与温度的关系，即

$$\left[\frac{\partial \ln K_p^\ominus(T)}{\partial T}\right]_p = \frac{\Delta_r H^\ominus}{RT^2} \tag{3.10}$$

式(3.10)是表述标准平衡常数与温度的关系的方程式，称为范特霍夫等压方程式。对它进行定积分，得

$$\ln \frac{K_p^\ominus(T_2)}{K_p^\ominus(T_1)} = \frac{\Delta_r H^\ominus}{R}\left(\frac{1}{T_1} - \frac{1}{T_2}\right) \tag{3.11}$$

当化学反应的标准焓变 $\Delta_r H^\ominus$ 已知时，只要测定某一温度 T_1 时的平衡常数 K_{p1}，即可利用式(3.11)求出另一温度 T_2 时的 K_{p2}。当不同温度下的 $K_p^\ominus$ 已知时，则可利用式(3.11)，求出反应的 $\Delta_r H^\ominus$。

根据范特霍夫等压方程式，可得到以下结论：

（1）若反应为吸热反应，即反应的标准焓变大于零，则标准平衡常数和温度成正比——升高温度，标准平衡常数增大，而 Q_p 不受影响，造成 $Q_p < K_p^\ominus$，所以平衡向右移动，即向吸热方向移动。

（2）若反应为放热反应，即反应的标准焓变小于零，则标准平衡常数和温度成反比——降低温度，标准平衡常数增大，而 Q_p 不受影响，造成 $Q_p < K_p^\ominus$，所以平衡向右移动，即向放热方向移动。

小　结

本章的核心内容是平衡常数，可逆反应 $a\text{A}(g) + b\text{B}(g) \rightleftharpoons y\text{Y}(g) + z\text{Z}(g)$ 处于平衡状态时，生成物和反应物的平衡浓度或平衡分压之间有关系为

$$K_c = \frac{[\text{Y}]_{\text{平衡}}^y [\text{Z}]_{\text{平衡}}^z}{[\text{A}]_{\text{平衡}}^a [\text{B}]_{\text{平衡}}^b}$$

$$K_c^\ominus = \frac{\left(\dfrac{c_{\text{Y,平衡}}}{c^\ominus}\right)^y \times \left(\dfrac{c_{\text{Z,平衡}}}{c^\ominus}\right)^z}{\left(\dfrac{c_{\text{A,平衡}}}{c^\ominus}\right)^a \times \left(\dfrac{c_{\text{B,平衡}}}{c^\ominus}\right)^b}$$

$$K_p = \frac{p(Y)_{平衡}^y \, p(Z)_{平衡}^z}{p(A)_{平衡}^a \, p(B)_{平衡}^b}$$

$$K_p^{\ominus} = \frac{\left(\dfrac{p_{Y,平衡}}{p^{\ominus}}\right)^y \times \left(\dfrac{p_{Z,平衡}}{p^{\ominus}}\right)^z}{\left(\dfrac{p_{A,平衡}}{p^{\ominus}}\right)^a \times \left(\dfrac{p_{B,平衡}}{p^{\ominus}}\right)^b}$$

有些化学反应的平衡常数可由实验直接测得,若已知平衡常数,则可计算各物质的转化率。

反应的标准平衡常数和标准吉布斯自由能之间有关系为

$$\Delta_r G^{\ominus}(T) = -RT \ln K^{\ominus}$$

反应的吉布斯自由能变化 $\Delta_r G(T)$ 则是给定条件下,反应进行方向和平衡移动方向的判据,即

$$\Delta_r G(T) = RT \ln \frac{Q}{K^{\ominus}}$$

习 题

一、选择题

1.某温度时,$N_2(g) + 3H_2(g) \rightleftharpoons 2\,NH_3(g)$ 的平衡常数 $K = a$,则同样温度下,$NH_3(g) \rightleftharpoons 3/2H_2(g) + 1/2N_2(g)$ 的平衡常数为(   )。

A.$a^{-1/2}$ B.$a^{1/2}$ C.a^2 D.a^{-2}

2.在一密闭容器中,用等物质的量的 A 和 B 发生如下反应:$A(g) + 2\,B(g) \rightleftharpoons 2C(g)$。反应达平衡时,若混合气体中 A 和 B 的物质的量之和与 C 的物质的量相等,则 A 的转化率为(   )。

A.40%   B.50%   C.60%   D.70%

3.在某温度下,可逆反应 $mA(g) + nB(g) \rightleftharpoons pC(g) + qD(g)$ 的平衡常数为 K,则下列说法正确的是(   )。

A.K 越大,达到平衡时,反应进行的程度越大

B.K 越小,达到平衡时,反应物的转化率越大

C.K 随反应物浓度的改变而改变

D.K 随温度和压强的改变而改变

4.已知反应 $NO(g) + CO(g) \rightleftharpoons 1/2N_2(g) + CO_2(g)$ 的焓变小于零,若需提高有毒气体的转化率,可采取的措施是( )。

    A.低温低压   B.低温高压   C.高温高压   D.高温低压

5.反应 $3H_2(g) + N_2(g) \rightleftharpoons 2NH_3(g)$ 在恒压下进行,若体系中引入惰性气体,则氨的产率( )。

    A.减小   B.增加   C.不变   D.无法判断

6.反应 $2SO_2(g) + O_2(g) \rightleftharpoons 2SO_3(g)$ 达平衡时,保持体积不变,加入惰性气体,使总压增加一倍,则( )。

    A.平衡向右移动   B.平衡向左移动   C.平衡不移动   D.无法判断

二、计算题

1.在 699 K 时,反应 $H_2(g) + I_2(g) \rightleftharpoons 2HI(g)$ 的平衡常数 $K_p = 55.3$,如果将 2.0 mol $H_2(g)$ 和 2.0 mol $I_2(g)$ 于 4.0 L 的容器内作用,问在该温度下达到平衡时有多少 $HI(g)$ 生成?

2.某温度下,已知反应 $PCl_5(g) \rightleftharpoons PCl_3(g) + Cl_2(g)$ 的标准平衡常数 $K_p^{\ominus} = 2.2$。现将一定量的 $PCl_5(g)$ 引入一真空瓶内,当反应达平衡时,$PCl_5(g)$ 的分压是 2.91×10^4 Pa。请计算:

（1）平衡时 $PCl_3(g)$ 和 $Cl_2(g)$ 的分压;

（2）反应前 $PCl_5(g)$ 的压强;

（3）平衡时 $PCl_5(g)$ 的转化率。

3.已知某温度下,反应 $2SO_2(g) + O_2(g) \rightleftharpoons 2SO_3(g)$ 的标准平衡常数 $K_p^{\ominus} = 67.2$,各物质的分压分别为 $p(SO_3) = 1 \times 10^5$ Pa,$p(SO_2) = 0.25 \times 10^5$ Pa,$p(O_2) = 0.25 \times 10^5$ Pa。请通过计算判断该反应进行的方向。

4.在 308 K,有 25% 的 N_2O_4 分解为 NO_2。平衡时容器内总压为 100 kPa。

（1）计算此温度下,反应 $N_2O_4(g) \rightleftharpoons 2NO_2(g)$ 的 $K_p^{\ominus}$;

（2）计算 308 K,总压为 200 kPa 时,N_2O_4 的转化率。

5.反应 $2NO(g) + Br_2(g) \rightleftharpoons 2NOBr(g)$ 在 623 K 时建立平衡,测得平衡时各组分的浓度分别为 $c(NO) = 0.3$ mol/L,$c(Br_2) = 0.11$ mol/L,$c(NOBr) = 0.046$ mol/L,求该反应的 K_c 和 K_p。

6.在容积为 3 L 的密闭容器中装有 CO_2 和 H_2 的混合物,在 1 123 K 时,容器内发生如下可逆反应:$CO_2(g) + H_2(g) \rightleftharpoons H_2O(g) + CO(g)$。现将 1.5 mol CO_2 和 4.5 mol H_2 放入容器中并加热至 1 123 K,已知 $K_c = 1.0$。求:

（1）平衡时各物质浓度；

（2）平衡时 CO_2 的转化率。

7.已知 523 K 时会发生可逆反应 $PCl_5(g) \rightleftharpoons PCl_3(g) + Cl_2(g)$。在此温度下将 0.7 mol $PCl_5(g)$ 注入 2 L 的密闭容器中，平衡时有 0.5 mol $PCl_5(g)$ 分解。请计算该温度下的平衡常数 K_c 及平衡时 $PCl_5(g)$ 的转化率。

8.反应 $I_2(g) \rightleftharpoons 2I(g)$ 的焓变大于零，当反应达平衡时，判断下列情况下平衡移动的方向以及 $I_2(g)$ 转化率如何变化：

（1）升高温度；

（2）反应体系体积减小；

（3）保持体积不变，加入氮气；

（4）保持压强不变，加入氮气。

9.一定温度和压力下，一定量的 $PCl_5(g)$ 的体积为 1 L，此时 $PCl_5(g)$ 已有 50% 分解为 $PCl_3(g)$ 和 $Cl_2(g)$。试判断在下列情况下，平衡移动的方向和 PCl_5 的转化率如何变化：

（1）加入 $PCl_5(g)$；

（2）保持压强不变，加入氮气，使体积增至 2 L；

（3）保持体积不变，加入氮气，使压力增加 1 倍；

（4）保持压强不变，加入氯气，使体积变为 2 L；

（5）保持体积不变，加入氯气，使压力增加 1 倍。

第4章　酸碱平衡

本书第3章介绍了化学平衡的一般规律,本章将介绍电解质溶液和酸碱的基本概念,并着重讨论强弱电解质在水溶液中发生的可逆反应,如弱酸弱碱电离平衡、盐类水解等。与气相反应相比,溶液中离子反应的活化能一般较小,反应速率较快,它们的平衡问题显得非常重要。此外,这类反应是在液相中进行的,压强对反应的影响可忽略,因此,只讨论弱酸弱碱在水溶液中的浓度平衡常数和浓度对平衡的影响。

4.1　电解质溶液

电解质是在水溶液中或熔融状态下能导电的化合物,这些化合物的水溶液称为电解质溶液。其中在水溶液中或熔融状态下能全部解离成离子的电解质称为强电解质,其导电能力较强。而在水溶液中只有部分解离成离子的化合物称为弱电解质,其导电能力较弱。表4.1列出了强弱电解质的主要异同点。

表 4.1　强弱电解质的比较

概　念		强电解质	弱电解质
结　构		离子化合物、某些具有极性键的共价化合物	某些极性键形成的共价化合物
代表物		大多数盐、强酸、强碱	弱酸、弱碱、少数盐
相同点		在水溶液中或熔融状态下,都能产生自由移动的离子	
不同点	微粒存在形式	只存在电解质电离生成的阴、阳离子,不存在电解质分子	大量存在电解质分子,少量存在弱电解质产生的离子
	电离过程	不可逆、不存在电离平衡,电离方程式用"═══"连接	可逆、存在电离平衡,电离方程式用"⇌"连接

电解质在水溶液中的电离程度可以定量地用电离度来表示。电离度是指电解质达电离平衡时,已电离的电解质分子数与原有总分子数之比,用希腊字母 α 表示,即

$$\alpha = \frac{\text{已电离的电解质分子数}}{\text{原有总分子数}}$$

从理论上讲,强电解质在水溶液中应该完全电离,其电离度 α 应为 100%。但电导实验表明,强电解质的电离度却小于 100%。为了解释这种现象,1923 年,德拜(Debye)和休克尔(Hükel)提出了离子氛学说。该学说认为,强电解质在水溶液中完全电离成离子,每一个离子被一群带相反电荷的离子包围,这一群带相反电荷的离子称为"离子氛",如图 4.1 所示。

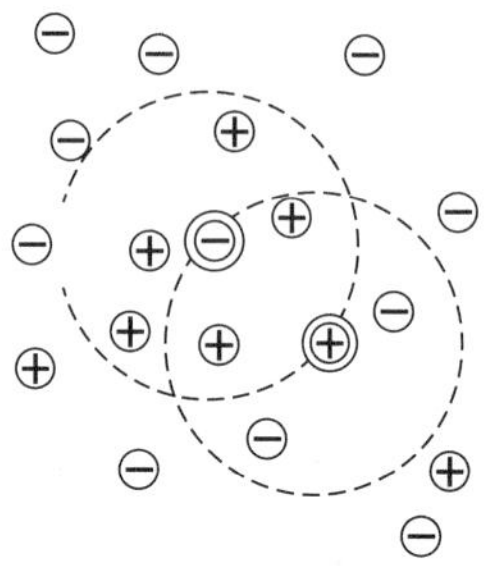

由于离子氛的存在,离子间相互牵制和影响,不能完全自由运动,因此由实验测出的强电解质的电离度小于 100%。溶液中离子浓度越大,上述现象越明显,只有在无限稀释时,离子间距极远时,彼此间的作用才会消失,离子才有可能成为不受约束的自由离子。

图 4.1 离子氛

在强电解质溶液中,由于离子氛的影响,溶液表现出的离子浓度比实际浓度小。这种能起作用的离子浓度,就是离子活度,又称有效浓度,用符号 a 表示,活度与真实浓度 c 之间关系为

$$a = \gamma c$$

式中,γ 称为活度因子,它反映强电解质溶液中离子互相牵制的程度。一般来说,活度因子小于 1,活度小于浓度。在极稀的强电解质溶液中,离子间的距离很大,彼此作用很弱,此时 γ 趋近于 1,活度基本上等于浓度。

4.2 酸碱质子理论

人们对酸和碱的认识经历了很长一段时期。最初人们把有酸味、能使蓝色石蕊试纸变红的物质叫酸;把有涩味、能使红色石蕊试纸变蓝的物质叫碱。到了 1887 年,阿伦尼乌斯提出了酸碱电离理论,该理论认为:凡是在水溶液中电离出的阳离子全是 H^+ 的物质叫作酸,电离出的阴离子全是 OH^- 的物质叫作碱。酸碱电离理论提高了人们对酸碱本质的认识,对化学的发展起到了很大作用,但这个理论也是有缺陷的。实际上并不是只有含 OH^- 的物质才具有碱性,如 Na_2CO_3、Na_3PO_4 等水溶液也显碱性,可作为碱来中和酸;而 NH_4Cl、$FeCl_3$ 等盐的水溶液呈酸性,但其本身却并不含有可电离的 H^+。针对这种情况,丹麦化学家布朗斯特(Brönsted)和英国化学家劳里(Lowry)于 1923 年分别提出了酸碱质子

理论,也叫 Brönsted-Lowry 质子理论。该理论认为,凡是能给出质子(氢离子)的分子或离子都是酸;凡是能与质子结合的分子或离子都是碱。简单地说,酸是质子的给予体,而碱是质子的接受体,如 HCl、HAc、NH_4^+ 等都只能给出质子,因此它们都是酸;而 OH^-、Ac^-、CO_3^{2-} 等都只能接受质子,所以它们都是碱。而 HCO_3^-、NH_3、H_2O 等,既能给出质子作为酸,也能接受质子作为碱,故称其为两性物质。可以看出,酸和碱可以是分子,也可以是离子。

根据酸碱质子理论,酸和碱的电离若以反应式来表示,则可以写成

$$HCl \longrightarrow H^+ + Cl^-$$

$$HAc \rightleftharpoons H^+ + Ac^-$$

$$NH_4^+ \rightleftharpoons H^+ + NH_3$$

$$HCO_3^- \rightleftharpoons H^+ + CO_3^{2-}$$

统一写作

$$酸 \rightleftharpoons H^+ + 碱$$

酸给出质子后余下的部分就是碱,碱接受质子后就成为酸。这种酸与碱的相互依存关系,叫作酸碱共轭关系。在上述方程式中,左边的酸是右边碱的共轭酸,而右边的碱则是左边酸的共轭碱,彼此联系在一起称为共轭酸碱对。可以看出,一对共轭酸碱之间就相差一个氢离子。

另外,根据酸碱质子理论,酸碱性的强弱是指酸给出质子的能力和碱接受质子的能力的强弱,对共轭酸碱对而言,酸越强,其共轭碱越弱;碱越强,其共轭酸越弱。表 4.2 列出了一些常见的共轭酸碱对以及它们酸碱性的强弱。

表 4.2　常见的共轭酸碱对

最强酸	H_3O^+	H_2O	最弱碱
	$H_2C_2O_4$	$H_2C_2O_4^-$	
	H_2SO_3	HSO_3^-	
	HSO_4^-	SO_4^{2-}	
	H_3PO_4	$H_2PO_4^-$	
	HF	F^-	
	HNO_2	NO_2^-	
	$HC_2O_4^-$	$C_2O_4^{2-}$	
	HAc	Ac^-	
	H_2CO_3	HCO_3^-	
	H_2S	HS^-	

续表

$H_2PO_4^-$	HPO_4^{2-}
HSO_3^-	SO_3^{2-}
$HClO$	ClO^-
HCN	CN^-
NH_4^+	NH_3
H_2SiO_3	$HSiO_3^-$
HCO_3^-	CO_3^{2-}
$HSiO_3^-$	SiO_3^{2-}
HPO_4^{2-}	PO_4^{3-}
HS^-	S^{2-}
最弱酸　H_2O	OH^-　最强碱

强酸如 $HClO_4$、HCl、H_2SO_4 等在水中完全电离,所以它们几乎不能以分子的形式存在于水溶液中,可不予考虑。左边最上面的 H_3O^+ 是能存在于水溶液中的最强的质子给予体,在它以下各共轭弱酸酸性依次降低,排在最下面的 H_2O 就是最弱的一种酸。强碱如 Na_2O、NaH 等在水中 100% 质子化,所以也不能以分子的形式存在于水溶液中。右边最下面 OH^- 是能存在于水溶液中最强的质子接受体,在它以上,各共轭弱碱碱性依次降低,排在最上面的 H_2O 是最弱的一种碱。

需要注意的是,在同一溶剂中,酸碱的相对强弱取决于各酸碱本身的性质,但同一酸碱在不同溶剂中的相对强弱则由溶剂的性质决定。如 H_2SO_4 在水中是强酸,在液氨中酸性更强,因为液氨促进 H_2SO_4 电离;而在醋酸中 H_2SO_4 酸性减弱,因为醋酸也会电离出 H^+,导致溶液中离子氛效应增强,H_2SO_4 表观电离度下降。

又如,醋酸在水中是弱酸,而在液氨中却是一种较强的酸,因为液氨接受质子的能力(碱性)比水强,促进了醋酸的电离,其电离平衡表达式为

$$HAc + NH_3(l) \rightleftharpoons NH_4^+ + Ac^-$$

然而,醋酸在液态氢氟酸中却表现出弱碱性,因为液态氢氟酸酸性更强,醋酸获得质子生成了 H_2Ac^+,电离平衡表达式为

$$HAc + HF(l) \rightleftharpoons H_2Ac^+ + F^-$$

由此可见,酸碱的相对强弱与溶剂本身的酸碱性有密切关系。物质的酸碱性在不同溶剂作用的影响下,"强可以变弱,弱也可以变强;酸可以变碱,碱也可以变酸"。

4.3　弱酸弱碱电离平衡

弱酸、弱碱与溶剂水分子之间的质子传递反应,统称为弱酸弱碱电离平衡。在水溶液中能电离出一个或多个 H^+(或 OH^-)的弱酸(碱)分别称为一元弱酸(弱碱)或多元弱酸(弱碱),关于它们的电离平衡,下面分述之。

4.3.1　一元弱酸、弱碱的电离平衡

以一元弱酸 HAc 为例,HAc 水溶液的电离方程式为

$$HAc(aq) + H_2O(1) \Longrightarrow H_3O^+(aq) + Ac^-(aq)$$

该反应的电离平衡常数(经验浓度平衡常数)为

$$K_a = \frac{[H_3O^+]_{平衡}[A^-]_{平衡}}{[HA]_{平衡}}$$

由于水的浓度项不写入平衡常数表达式,为了方便,HAc 电离方程式可简写为

$$HAc(aq) \Longrightarrow H^+(aq) + Ac^-(aq)$$

电离平衡常数(浓度平衡常数)则为

$$K_a = \frac{[H^+]_{平衡}[A^-]_{平衡}}{[HA]_{平衡}}$$

若 HAc 的起始浓度为 c mol/L,电离度为 α,则有

	HAc(aq)	$\Longrightarrow$	$H^+(aq)$	+	$Ac^-(aq)$
起始浓度(mol/L)	c		0		0
电离浓度(mol/L)	$-c\alpha$		$c\alpha$		$c\alpha$
平衡浓度(mol/L)	$c - c\alpha$		$c\alpha$		$c\alpha$

所以

$$K_a = \frac{[H^+]_{平衡}[A^-]_{平衡}}{[HA]_{平衡}} = \frac{(c\alpha)^2}{c - c\alpha} = \frac{c\alpha^2}{1 - \alpha}$$

$$\frac{K_a}{c} = \frac{\alpha^2}{1 - \alpha} \Rightarrow \frac{c}{K_a} = \frac{1 - \alpha}{\alpha^2}$$

当 $\frac{c}{K_a} > 400$,即 $\alpha < 5\%$ 时,可以近似得到

$$1 - \alpha \approx 1$$

因此有

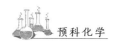

$$K_a = c\alpha^2$$

$$\alpha = \sqrt{\frac{K_a}{c}} \tag{4.1}$$

在式(4.1)的推导过程中，$1 - \alpha \approx 1$，这一步近似的含义，可以看作因为 HAc 电离度 α 很小，所以 HAc 的平衡浓度 $c - c\alpha$ 几乎等于起始浓度 c，电离消耗的部分 $c\alpha$ 可忽略不计。这个情况对所有的弱电解质都适用。此时，溶液中 H^+ 的浓度为

$$\left[H^+\right]_{平衡} = \sqrt{K_a c} \tag{4.2}$$

同理，在一元弱碱中，OH^- 的浓度为

$$\left[OH^-\right]_{平衡} = \sqrt{K_b c} \tag{4.3}$$

常温下，常见弱电解质在水溶液中的电离平衡常数见表 4.3。

表 4.3　常温下，常见弱电解质在水溶液中的电离平衡常数

酸	K_a	碱	K_b
HIO_3	1.69×10^{-1}	IO_3^-	5.1×10^{-14}
$H_2C_2O_4$	5.90×10^{-2}	$HC_2O_4^-$	1.69×10^{-13}
H_2SO_3	1.54×10^{-2}	HSO_3^-	6.49×10^{-13}
HSO_4^-	1.20×10^{-2}	SO_4^{2-}	8.33×10^{-13}
H_3PO_4	7.52×10^{-3}	$H_2PO_4^-$	1.33×10^{-12}
HNO_2	4.6×10^{-4}	NO_2^-	2.17×10^{-11}
HF	3.53×10^{-4}	F^-	2.83×10^{-11}
$HC_2O_4^-$	6.40×10^{-5}	$C_2O_4^{2-}$	1.56×10^{-10}
HAc	1.76×10^{-5}	Ac^-	5.68×10^{-10}
H_2CO_3	4.30×10^{-7}	HCO_3^-	2.32×10^{-8}
HSO_3^-	1.02×10^{-7}	SO_3^{2-}	9.8×10^{-8}
$H_2PO_4^-$	6.23×10^{-8}	HPO_4^{2-}	1.6×10^{-7}
H_2S	5.7×10^{-8}	HS^-	1.75×10^{-7}
$HClO$	2.95×10^{-8}	ClO^-	3.39×10^{-7}
NH_4^+	5.64×10^{-10}	NH_3	1.774×10^{-5}
HCN	4.93×10^{-10}	CN^-	2.03×10^{-5}
HCO_3^-	5.61×10^{-11}	CO_3^{2-}	1.78×10^{-4}
HPO_4^{2-}	2.2×10^{-13}	PO_4^{3-}	4.54×10^{-2}
HS^-	1.2×10^{-15}	S^{2-}	8.33

【例 4.1】　已知常温下 HAc 的 $K_a = 1.76 \times 10^{-5}$。试计算 0.1 mol/L 和 0.01 mol/L HAc 溶液的电离度 α 和 $[H^+]$。

解:(1) 当 $[HAc] = 0.1$ mol/L 时,因为

$$\frac{c}{K_a} > 400$$

所以

$$\alpha = \sqrt{\frac{K_a}{c}}$$

$$= \sqrt{\frac{1.76 \times 10^{-5} mol/L}{0.1 mol/L}} = 1.33\%$$

$$[H^+] = c\alpha$$

$$= 0.1 \text{ mol/L} \times 0.013\,3 = 1.33 \times 10^{-3} \text{ mol/L}$$

(2) 当 $[HAc] = 0.01$ mol/L 时,因为

$$\frac{c}{K_a} > 400$$

所以

$$\alpha = \sqrt{\frac{K_a}{c}} = \sqrt{\frac{1.76 \times 10^{-5} \text{ mol/L}}{0.01 \text{ mol/L}}} = 4.20\%$$

$$[H^+] = c\alpha = 0.01 \text{ mol/L} \times 0.042 = 4.20 \times 10^{-4} \text{mol/L}$$

比较以上结果可知,随着溶液浓度的稀释,电离度增大,而电离出来的 H^+ 浓度减小。这可以通过化学平衡移动的原理来解释,请大家自行思考。

4.3.2　多元弱酸、弱碱的电离平衡

多元弱酸、弱碱在水溶液中的电离是分步进行的。以二元弱酸 H_2S 为例,第一步电离,生成 H^+ 和 HS^-;HS^- 又发生第二步电离,生成 H^+ 与 S^{2-}。电离方程式和电离平衡常数如下(采用简化方程)。注意,这两步电离平衡是同时存在于溶液中,因此 H^+ 和 HS^- 的浓度应分别只有一个数值。

$$H_2S(aq) \rightleftharpoons H^+(aq) + HS^-(aq) \qquad K_{a1} = \frac{[H^+]_{平衡}[HS^-]_{平衡}}{[H_2S]_{平衡}} = 5.7 \times 10^{-8}$$

$$HS^-(aq) \rightleftharpoons H^+(aq) + S^{2-}(aq) \qquad K_{a2} = \frac{[H^+]_{平衡}[S^{2-}]_{平衡}}{[HS^-]_{平衡}} = 1.2 \times 10^{-15}$$

推而广之,多元弱酸的电离常数都是 $K_{a1} \gg K_{a2}$,即第二步电离远比第一步困难,由第

二步电离出的氢离子和消耗的一元酸根离子(HS^-)与第一步电离出的氢离子和一元酸根离子相比微不足道,可以忽略。因此在计算氢离子浓度和一元酸根离子浓度时,可不考虑第二步电离,而把它当作一元弱酸来处理。

经过上面的近似处理,在二元弱酸的第一步电离中,氢离子的浓度等于一元酸根离子的浓度

$$[H^+]_{平衡} = [HS^-]_{平衡} = \sqrt{K_{a1}c} \tag{4.4}$$

根据二级电离平衡常数 K_{a2} 的表达式,可得出二元酸根(S^{2-})的浓度为

$$[S^{2-}]_{平衡} = K_{a2} \tag{4.5}$$

【例 4.2】 计算 0.10 mol/L H_2S 在水溶液中的$[H^+]$、$[HS^-]$ 和$[S^{2-}]$。

解: H_2S 在水溶液中有两步电离平衡,且电离平衡常数 $K_{a1} \gg K_{a2}$,因此溶液中$[H^+]$ 和 $[HS^-]$ 只需按第一步电离平衡简化计算。设$[H^+] = [HS^-] = x$,则有

$$x = \sqrt{K_{a1}c} = \sqrt{5.7 \times 10^{-8}\ mol/L \times 0.10\ mol/L} = 0.75 \times 10^{-4} mol/L$$

所以

$$[H^+]_{平衡} = [HS^-]_{平衡} = 0.75 \times 10^{-4} mol/L$$

$$[S^{2-}]_{平衡} = K_{a2} = 1.2 \times 10^{-15} mol/L$$

【例 4.3】 某温度下,在 0.10 mol/L H_2CO_3 水溶液中加酸使$[H^+]$ 增加到 0.20 mol/L,请计算此时溶液中的$[CO_3^{2-}]$。（已知该温度下 H_2CO_3 的 $K_{a1} = 4.3 \times 10^{-7}$,$K_{a2} = 5.6 \times 10^{-11}$）

解: 根据题意有

$$K_{a1} = \frac{[H^+][HCO_3^-]}{[H_2CO_3]}$$

$$K_{a2} = \frac{[H^+][CO_3^{2-}]}{[HCO_3^-]}$$

要求计算$[CO_3^{2-}]$,则将 K_{a1} 与 K_{a2} 相乘,处理后有

$$[CO_3^{2-}]_{平衡} = \frac{K_{a1} \times K_{a2} \times [H_2CO_3]}{[H^+]^2} = \frac{4.3 \times 10^{-7} \times 5.6 \times 10^{-11} \times 0.10\ mol/L}{(0.2\ mol/L)^2}$$

$$= 6.02 \times 10^{-17} mol/L$$

4.3.3 水的自耦电离平衡

实验证明,纯水有微弱的导电性,原因是,水是一个很弱的电解质,有自耦电离平衡

$$H_2O(l) + H_2O(l) \rightleftharpoons H_3O^+(aq) + OH^-(aq)（简化为 H_2O(l) \rightleftharpoons H^+(aq) + OH^-(aq)）$$

存在。25 ℃ 时,精确实验测得纯水中的$[H^+] = [OH^-] = 1.0 \times 10^{-7}\,mol/L$,根据化学平衡原理,可得经验浓度平衡常数

$$K_w = [H^+]_{平衡}[OH^-]_{平衡}$$
$$= 1.0 \times 10^{-14} \tag{4.6}$$

式中,K_w 称为水的离子积常数,表示水中 H^+ 和 OH^- 浓度的乘积。K_w 和其他平衡常数一样随温度的变化而变化。在室温下,K_w 为 1.0×10^{-14},K_w 确定以后,即可计算$[H^+]_{平衡}$或$[OH^-]_{平衡}$。

例如,常温下弱酸溶液中 OH^- 的平衡浓度为

$$[OH^-]_{平衡} = \frac{K_w}{[H^+]_{平衡}} = \frac{1.0 \times 10^{-14}}{\sqrt{K_a c}}$$

同理,常温下弱碱溶液中 H^+ 的平衡浓度为

$$[H^+]_{平衡} = \frac{K_w}{[OH^-]_{平衡}} = \frac{1.0 \times 10^{-14}}{\sqrt{K_b c}}$$

在酸性或碱性溶液中,H^+ 和 OH^- 都是同时存在的,它们浓度的乘积为常数,当其中一个离子(如 H^+)的浓度增加时,另一个离子(如 OH^-)的浓度就减小,但不会等于零。若将$[H^+]$、$[OH^-]$ 分别用 pH、pOH 来表示,则常温下有

$$-\lg[H^+]_{平衡} - \lg[OH^-]_{平衡} = -\lg K_w$$
$$pH + pOH = 14$$

4.3.4　共轭酸碱平衡常数的关系

在已知 HAc 电离平衡常数 K_a 的情况下,共轭碱(Ac^-)的水解平衡常数 K_h(经验深度平衡常数)可通过 K_a 计算。Ac^- 在水中的水解反应方程式为

$$Ac^-(aq) + H_2O(l) \Longrightarrow OH^-(aq) + HAc(aq)$$

因此有

$$K_h = \frac{[OH^-]_{平衡}[HAc]_{平衡}}{[Ac^-]_{平衡}} \times \frac{[H^+]_{平衡}}{[H^+]_{平衡}}$$

$$= \frac{[HAc]_{平衡}}{[H^+]_{平衡}[Ac^-]_{平衡}} \times [H^+]_{平衡}[OH^-]_{平衡}$$

$$= \frac{K_w}{K_a}$$

所以有

$$K_a \times K_h = K_w \tag{4.7}$$

即共轭酸碱对的平衡常数的乘积等于水的离子积常数。这也验证了酸碱质子理论的结论:酸越强,其对应的共轭碱越弱;碱越强,其对应的共轭酸越弱。

4.4 盐类水解

大量的实验研究发现,小部分盐的水溶液呈中性,而绝大部分盐的水溶液都呈酸性或碱性。如 0.10 mol/L 的 NaCl 溶液 pH 值为7,呈中性;同样是 0.10 mol/L 的 NaAc 溶液 pH 值为8.9,呈碱性;而 0.10 mol/L 的 NH_4Cl 溶液 pH 值则为5.2,呈酸性。盐分子中既不含氢离子也不含氢氧根离子,而绝大部分盐的水溶液呈酸性或碱性则是因为这些盐—— 强酸弱碱盐或强碱弱酸盐在水溶液中电离出的离子与水电离出的氢离子或氢氧根离子结合生成弱电解质,使水的电离平衡发生了移动。我们称由强酸弱碱盐或强碱弱酸盐生成新的弱电解质的这一过程为盐类的水解。

4.4.1 强碱弱酸盐水解

以 NaAc 溶液为例,NaAc 在水中完全电离为 Na^+ 和 Ac^-,Ac^- 又和水电离出的 H^+ 结合生成 HAc,使溶液中 $[H^+]$ 降低,造成水的电离平衡向右移动,$[OH^-]$ 不断增大,当体系平衡时,溶液中 $[OH^-]$ 大于 $[H^+]$,因此溶液呈碱性。这一过程可以表示为

$$Ac^-(aq) + H_2O(l) \rightleftharpoons OH^-(aq) + HAc(aq)$$

该反应达平衡时,平衡常数用 K_h 表示(和表4.3中 Ac^- 的电离平衡常数 K_b 大小一致),有

$$K_h = \frac{[OH^-]_{平衡}[HAc]_{平衡}}{[Ac^-]_{平衡}}$$

由于此反应的机理与一元弱碱电离机理类似,根据式(4.3),若 NaAc 溶液的浓度为 c,则平衡时有

$$[OH^-]_{平衡} = \sqrt{K_h c}$$

又因为 $K_a \times K_h = K_w$,因此有

$$[OH^-]_{平衡} = \sqrt{\frac{K_w}{K_a} c} \tag{4.8}$$

【例4.4】 计算常温下 0.10 mol/L NaAc 溶液中的 $[OH^-]$。(已知常温下,HAc 的电离平衡常数 $K_a = 1.76 \times 10^{-5}$)

解:根据式(4.8)有

$$[OH^-]_{平衡} = \sqrt{\frac{K_w}{K_a} c}$$

$$= \sqrt{\frac{1 \times 10^{-14}(\text{mol/L})^2}{1.76 \times 10^{-5}\text{mol/L}} \times 0.1 \text{ mol/L}}$$

$$= 7.5 \times 10^{-6}\text{mol/L}$$

4.4.2　强酸弱碱盐水解

以 NH_4Cl 溶液为例,NH_4Cl 在水中完全电离为 NH_4^+ 和 Cl^-,NH_4^+ 又和水电离出来的 OH^- 结合生成 $NH_3 \cdot H_2O$,使溶液中[OH^-]降低,造成水的电离平衡向右移动,[H^+]不断增大,当体系平衡时,溶液中[H^+]大于[OH^-],因此溶液呈酸性。这一过程可表示为

$$NH_4^+(aq) + H_2O(l) \Longleftrightarrow H^+(aq) + NH_3 \cdot H_2O(aq)$$

该反应达平衡时,平衡常数用 K_h 表示(和表4.3中 NH_4^+ 的电离平衡常数 K_a 大小一致),有

$$K_h = \frac{[H^+]_{平衡}[NH_3]_{平衡}}{[NH_4^+]_{平衡}}$$

因为此反应与一元弱酸电离的机理类似,根据式(4.2),若 NH_4Cl 溶液浓度为 c,则平衡时有

$$[H^+]_{平衡} = \sqrt{K_h c}$$

又因为

$$K_b \times K_h = K_w$$

因此有

$$[H^+]_{平衡} = \sqrt{\frac{K_w}{K_b} c} \tag{4.9}$$

【例4.5】　计算常温下 0.10 mol/L NH_4Cl 溶液中的[H^+]。(已知常温下,$NH_3 \cdot H_2O$ 的电离平衡常数 $K_b = 1.77 \times 10^{-5}$)

解:根据式(4.9)得

$$[H^+]_{平衡} = \sqrt{\frac{K_w}{K_b} c}$$

$$= \sqrt{\frac{1 \times 10^{-14}(\text{mol/L})^2}{1.77 \times 10^{-5} \text{ mol/L}} \times 0.1 \text{ mol/L}}$$

$$= 7.5 \times 10^{-6}\text{mol/L}$$

4.4.3　影响盐类水解平衡的因素

影响盐类水解平衡的因素分为内因和外因。内因是指水解离子本身的性质(与

OH^-、H^+结合能力的强弱)以及水解产物的性质,外因主要是指酸碱度、温度和浓度。在此,不讨论内因,主要讨论外因。

1.酸碱度

根据平衡移动的原理,通过改变盐溶液所处环境的酸碱度(加入强酸或强碱)可以促进或抑制盐类水解。以 NaAc 溶液为例,有水解平衡

$$Ac^-(aq) + H_2O(l) \rightleftharpoons OH^-(aq) + HAc(aq)$$

针对 Ac^- 的水解平衡:

①加入强酸(H^+),H^+ 中和水解产生的 OH^-,使水解平衡向右移动,即促进水解;

②加入强碱(OH^-),溶液中 OH^- 浓度增大,使水解平衡向左移动,即抑制水解。

在 NH_4Cl 溶液中情况正好相反。总之,对于强碱弱酸盐,加酸促进水解,加碱抑制水解;对于强酸弱碱盐,加碱促进水解,加酸抑制水解。

2.温度

盐类的水解基本上是吸热反应,根据平衡移动的原理,升高温度,平衡向吸热方向移动,降低温度,平衡向放热方向移动。因此升高温度,促进盐类水解;降低温度,抑制水解。

3.浓度

还是以 NaAc 溶液为例。平衡时该反应的 Q_c 和 $K_c^\ominus$ 的表达式为

$$Q_c = K_c^\ominus = \frac{\dfrac{[OH^-]_{平衡}}{c^\ominus} \times \dfrac{[HAc]_{平衡}}{c^\ominus}}{\dfrac{[Ac^-]_{平衡}}{c^\ominus}}$$

根据 Q_c 表达式,温度恒定时,加水稀释溶液,Q_c 减小而 $K_c^\ominus$ 不变,因此,$K_c^\ominus > Q_c$,$\Delta_r G < 0$,平衡向右移动,也就是稀释溶液,促进水解。

4.5 缓冲溶液

4.5.1 同离子效应与盐效应

在弱酸、弱碱溶液中加入具有相同阳离子或相同阴离子的强电解质(一般指盐类),

会引起弱电解质电离平衡的移动。例如,往 HAc 溶液中加入 NaAc,由于 Ac⁻ 浓度增大,使 HAc 的电离平衡向左移动,造成 HAc 的电离度减小。在 NH₃ 水溶液中加入 NH₄Cl,NH₄⁺ 浓度增大,NH₃ 的电离平衡向左移动,同样造成 NH₃ 在水中的电离度减小。

由此可见,在弱酸溶液中加入该酸的共轭碱,或在弱碱溶液中加入该碱的共轭酸,均会引起电离平衡左移,造成弱酸或弱碱电离度降低。我们将这种现象称为同离子效应。

【例 4.6】 常温下,向 1.0 L 浓度为 0.1 mol/L 的 HAc 溶液中加入一定量固体 NaAc,若溶液体积不变,溶液中[Ac⁻]变为 0.1 mol/L。请计算该 HAc 和 NaAc 混合溶液中的 [H⁺]以及 HAc 的电离度。

解: 向 HAc 溶液中加入一定量固体 NaAc 后,由于同离子效应,HAc 电离度很小,所以,忽略其电离,则 HAc 达电离平衡时的浓度等于其起始浓度,即

$$[HAc]_{平衡} = c(HAc) = 0.1 \text{ mol/L}, \quad [Ac⁻]_{平衡} = c(Ac⁻) = 0.1 \text{ mol/L}$$

设[H⁺]_{平衡} = x

则有

$$x = \frac{[HAc]_{平衡}}{[Ac⁻]_{平衡}} \times K_a$$

$$= \frac{0.1 \text{ mol/L}}{0.1 \text{ mol/L}} \times 1.76 \times 10^{-5} \text{mol/L}$$

$$= 1.76 \times 10^{-5} \text{mol/L}$$

因此

$$[H⁺] = 1.76 \times 10^{-5} \text{ mol/L}$$

所以电离度为

$$\alpha = \frac{1.76 \times 10^{-5} \text{mol/L}}{0.10 \text{ mol/L}} \times 100\% = 0.018\%$$

根据例 4.1,已知 0.1 mol/L 的 HAc 溶液中的 H⁺_{平衡} 浓度为 1.3×10^{-3} mol/L,电离度 $\alpha = 1.3\%$。而在此 HAc 和 NaAc 混合液中,因同离子效应的影响,HAc 的电离度降低为 0.018%,H⁺_{平衡} 浓度降至 1.76×10^{-5} mol/L,这说明同离子效应的影响效果非常显著。

如果在弱酸、弱碱溶液中加入不含有相同离子的强电解质盐类,则该弱酸弱碱的电离度会有少许增加。例如在 0.1 mol/L 的 HAc 溶液中加入 0.1 mol/L 的 NaCl,HAc 的电离度由 1.32% 增加到 1.8%。这种现象称为盐效应,产生的原因是,强电解质盐类加入后增大了溶液中离子的浓度,离子氛效应增强,离子运动受阻加重,离子结合为分子的速率降低,因此弱酸弱碱的电离度增加。

实际上,在弱电解质溶液中无论加入何种强电解质盐类都会发生盐效应,但当强电解质盐和弱电解质含有相同离子时,同离子效应和盐效应会一起发生,由于同离子效应影响

效果显著,而盐效应效果不明显。因此,最终结果依然是弱电解质电离度大大降低,即两种效应一起发生的情况下可以忽略盐效应的影响。

4.5.2 缓冲溶液

在一试管中加入 10 mL 0.1 mol/L HAc 溶液和 10 mL 0.1 mol/L NaAc 溶液,混合后,用甲基红作指示剂(溶液颜色随酸碱度的改变而改变),分成四份,第一份加入 1 mL 0.1 mol/L HCl,第二份加入 1 mL 0.1 mol/L NaOH,第三份加入等体积的水稀释,第四份作空白比较。结果四份溶液颜色基本无变化。这一结果表明四份溶液的酸碱度基本不变。这种能抵抗外加少量强酸、强碱或稀释的影响,而保持酸碱度基本不变的溶液称为缓冲溶液。缓冲溶液的这种作用称为缓冲作用。

在 HAc 和 NaAc 的混合溶液中,HAc 是弱电解质,电离度较小(在同离子效应影响下更明显);NaAc 是强电解质,完全电离;因此溶液中 HAc 和 Ac^- 的浓度都相对较大。在该溶液中 H^+ 主要由 HAc 电离得到(保证 $[H^+]$ 基本不变,即可保证 PH 值不发生显著变化)

$$HAc(aq) \rightleftharpoons H^+(aq) + Ac^-(aq)$$

① 往该溶液中加入少量强酸(H^+)时,上述电离平衡向左移动,H^+ 与 Ac^- 结合形成 HAc 分子,外加的少量 H^+ 几乎被 Ac^- 耗尽,溶液中 Ac^- 浓度略有减少,HAc 浓度略有增加,但溶液中 H^+ 浓度不会有显著变化。

外加强酸,缓冲溶液中 $[HAc]$ 和 $[Ac^-]$ 变化计算如下:

假设反应前溶液中 $[HAc] = [Ac^-] = 0.1$ mol/L,加入的强酸 $[H^+] = 0.01$ mol/L。

已知发生反应:

$$H^+ + Ac^- \rightleftharpoons HAc$$

反应完毕后,$[Ac^-] = 0.1 - 0.01 = 0.09$ mol/L,$[HAc] = 0.1 + 0.01 = 0.11$ mol/L。

而缓冲溶液中 $[H^+]$ 的变化可通过 HAc 电离平衡常数 K_a 判断:

$$K_a = \frac{[H^+][Ac^-]}{[HAc]}$$

由于 $[Ac^-]$ 在反应后减小,$[HAc]$ 在反应后增大,而 K_a 保持不变(温度恒定),因此最后 $[H^+]$ 会略微增大。

② 往该溶液中加入少量强碱(OH^-)时,OH^- 中和 H^+,则上述电离平衡向右移动,总体反应可看作 OH^- 与 HAc 反应,即

$$OH^-(aq) + HAc(aq) \rightleftharpoons Ac^-(aq) + H_2O(l)$$

所以外加的少量 OH^- 几乎被 HAc 耗尽,HAc 浓度略有减少,Ac^- 浓度略有增加,而 H^+ 浓度仍不会有显著变化。

外加强碱,缓冲溶液中 [HAc] 和 [Ac⁻] 变化计算如下:

假设反应前溶液中 [HAc] ＝ [Ac⁻] ＝ 0.1 mol/L,加入的强碱 [OH⁻] ＝ 0.01 mol/L。

已知发生反应:

$$OH^- + HAc \Longrightarrow H_2O + Ac^-$$

反应完毕后,[HAc] ＝ 0.1 － 0.01 ＝ 0.09 mol/L,[Ac⁻] ＝ 0.1 ＋ 0.01 ＝ 0.11 mol/L。

而缓冲溶液中 [H⁺] 的变化可通过 HAc 电离平衡常数 K_a 判断:

K_a ＝ [H⁺] [Ac⁻] / [HAc],由于 [Ac⁻] 在反应后增大,[HAc] 在反应后减小,而 K_a 保持不变(温度恒定),因此最后 [H⁺] 会略微减小。

显然,当加入的强酸或强碱的量过大,缓冲溶液中的 HAc 或 Ac⁻ 无法将外加的 OH⁻ 或 H⁺ 全部消耗掉时,它就不再具有缓冲能力了,因此缓冲溶液的缓冲能力是有限的。缓冲溶液中起缓冲作用的平衡关系式可用共轭酸碱之间的关系式来表示为

$$共轭酸 \Longrightarrow H^+ + 共轭碱$$

所以外加少量强酸,平衡向左移动,共轭碱与 H⁺ 结合生成共轭酸;外加少量碱,平衡向右移动,共轭酸转变成共轭碱和 H⁺。其中的共轭酸(如 HAc、NH₄⁺ 等)起抵抗碱的作用,因此称为抗碱成分;共轭碱(如 Ac⁻、NH₃ 等)起抵抗酸的作用,称为抗酸成分。组成缓冲溶液,起缓冲作用的一对共轭酸碱(抗酸成分与抗碱成分),如 HAc—Ac⁻、NH₄⁺—NH₃ 称为缓冲对。

综合共轭酸碱平衡关系式和同离子效应,① 对于弱酸和弱酸盐组成的缓冲溶液(如 HAc-Ac⁻),有

$$K_a = \frac{[H^+]_{平衡} \times c(共轭碱)_{平衡}}{c(弱酸)_{平衡}}$$

所以

$$[H^+]_{平衡} = K_a \frac{c(弱酸)_{平衡}}{c(共轭碱)_{平衡}} \tag{4.10}$$

$$pH = pK_a + \lg \frac{c(共轭碱)_{平衡}}{c(弱酸)_{平衡}} \tag{4.11}$$

② 对于弱碱和弱碱盐组成的缓冲溶液(如 NH₄⁺—NH₃),有

$$K_b = \frac{[OH^-]_{平衡} c(共轭酸)_{平衡}}{c(弱碱)_{平衡}}$$

所以

$$[OH^-]_{平衡} = K_b \frac{c(弱碱)_{平衡}}{c(共轭酸)_{平衡}} \tag{4.12}$$

$$pH = 14 - pK_b + \lg \frac{c(弱碱)_{平衡}}{c(共轭酸)_{平衡}}$$

$$pH = pK_h + \lg \frac{c(弱碱)_{平衡}}{c(共轭酸)_{平衡}} \tag{4.13}$$

式(4.10)中,K_a 为弱酸的电离平衡常数;式(4.11)中,pK_a 为 K_a 的负对数,即 $pK_a = -\lg K_a$;式(4.12)中,K_b 为弱碱的电离平衡常数;式(4.13)中,K_h 为弱碱共轭酸的平衡常数,$pK_h = -\lg K_h$。

【例 4.7】 常温下:(1)计算含有 0.10 mol/L HAc 与 0.10 mol/L NaAc 的缓冲溶液的 [H⁺] 和 pH 值。

(2)往 100 mL 上述缓冲溶液中加入 1.0 mL 浓度为 1.0 mol/L 的 HCl 溶液,计算溶液的[H⁺] 和 pH 值。

解:(1)已知常温下 HAc 的 $K_a = 1.76 \times 10^{-5}$,设 HAc 电离的浓度为 x,有

$$c(HAc)_{平衡} = c(HAc)_{起始} - x \approx c(HAc)_{起始} = 0.10 \text{ mol/L}$$

$$c(Ac^-)_{平衡} = c(Ac^-)_{起始} + x \approx c(Ac^-)_{起始} = 0.10 \text{ mol/L}$$

所以,根据式(4.10)

$$[H^+] \approx \left(1.76 \times 10^{-5} \times \frac{0.10 \text{ mol/L}}{0.10 \text{ mol/L}}\right) = 1.76 \times 10^{-5} \text{ mol/L}$$

根据式(4.11),有

$$pH = pK_a + \lg \frac{c(共轭碱)_{平衡}}{c(弱酸)_{平衡}} = 4.75 + \lg \frac{1.00}{1.00} = 4.75$$

(2)加入的 1.0 mL 浓度为 1.0 mol/L 的 HCl 被稀释后,HCl 浓度为

$$c(HCl) = \frac{1.0 \text{ mol/L} \times 1.0 \text{ mL}}{(100 \text{ mL} + 1 \text{ mL})} \approx 0.01 \text{ mol/L}$$

HCl 在溶液中完全电离,所以相当于加入 1 mL 0.01 mol/L 的 H⁺,由于外加 H⁺ 的量相对于缓冲溶液中 Ac⁻ 的量来说是较小的,可以认为外加 H⁺ 全部与 Ac⁻ 结合成 HAc 分子,从而使溶液中 Ac⁻ 浓度减小,HAc 浓度增大。计算中忽略体积改变的微小影响,则有

$$c(HAc)_{平衡} \approx (0.10 + 0.01) \text{ mol/L} = 0.11 \text{ mol/L}$$

$$c(Ac^-)_{平衡} \approx (0.10 - 0.01) \text{ mol/L} = 0.09 \text{ mol/L}$$

$$[H^+] \approx \left(1.76 \times 10^{-5} \times \frac{0.11}{0.09}\right) = 2.15 \times 10^{-5} \text{ mol/L}$$

$$pH = pK_a + \lg \frac{c(共轭碱)_{平衡}}{c(弱酸)_{平衡}} = 4.75 + \lg \frac{0.09}{0.11} = 4.66$$

上述缓冲溶液不加 HCl 时,pH 值为 4.75;加入 1.0 mL 浓度为 1.0 mol/L 的 HCl 后,pH

值为4.66,两者相差0.09,说明pH值基本不变。若加入1.0 mL浓度为1.0 mol/L的NaOH溶液,则pH值为4.84(自行计算),也基本不变。

4.5.3　缓冲溶液的选择

在实际工作中常遇到缓冲溶液的选择问题,即要配制实验所需pH值的缓冲溶液时,应如何选择合适的缓冲对。由式(4.11)和式(4.13)可以看出:缓冲溶液的pH值主要取决于缓冲对中弱酸的电离平衡常数以及缓冲对中两种物质的浓度的比值。缓冲对中任一一种物质的浓度过小都会使缓冲对丧失缓冲能力。因此两者浓度之比最好趋近于1,如果此比值为1,则 $pH = pK_a$ 或 $pH = pK_h$。

在配制一定pH值的缓冲溶液时,应当选用 pK_a 或 pK_h 接近或等于该pH值的弱酸与其共轭碱的混合溶液。例如,如果需配制pH = 5的缓冲溶液,选用HAc-Ac⁻(HAc-NaAc)的混合溶液比较适宜,因为弱酸HAc的 pK_a 等于4.75,与所需的pH值接近。同样,如果需要配制pH = 9、pH = 7的缓冲溶液,则可分别选用 NH_3-NH_4^+(NH_3-NH_4Cl)、$H_2PO_4^-$-HPO_4^{2-}(KH_2PO_4-Na_2HPO_4)的混合溶液。

【例4.8】　现有 $HCOOH$-$HCOO^-$、HAc-Ac^-、H_3BO_3-$H_2BO_3^-$ 3 对缓冲对,要配制一定体积pH = 3.2的缓冲溶液,选择哪一对缓冲对比较合适?

解:要配制pH = 3.2的缓冲溶液,则应选用缓冲对中弱酸的 pK_a 或 pK_h 接近3.2的缓冲溶液。

已知3组缓冲对中弱酸的电离平衡常数分别为:$K_a(HCOOH) = 1.8 \times 10^{-4}$,$K_a(HAc) = 1.75 \times 10^{-5}$,$K_{a1}(H_3BO_3) = 5.4 \times 10^{-10}$,很明显 pK_a 最接近3.2的是HCOOH,因此应当选用 $HCOOH$-$HCOO^-$ 这对缓冲对。

小　结

本章着重介绍了酸碱质子理论,并根据这一理论讨论了溶液中酸碱平衡的3种基本类型:水的自耦电离平衡,弱酸(弱碱)的电离平衡以及盐的水解平衡。这3类平衡的实质都是弱酸弱碱(包括水)与溶剂水分子之间的质子传递反应。根据一元酸(碱)和多元弱酸(碱)电离平衡的特点和相对强弱,可由电离平衡常数 K_a 或 K_b 计算溶液的酸碱度(pH)。

酸碱电离平衡有很多实际应用。同离子效应能够降低弱电解质的电离度,改变溶液的pH值。以适当浓度比组成的弱酸(碱)及其共轭碱(酸)的混合溶液具有酸碱缓冲性质,这种缓冲溶液能够中和由外部加入的少量强酸(碱)而保持溶液pH值不发生显著变化。

习　题

一、选择题

1.不是共轭酸碱对的一组物质是(　　　)。

A.NH_3,NH_2^-　　　　　B.NaOH,Na^+　　　　　C.HS^-,S^{2-}　　　　　D.H_2O,OH^-

2.$H_2AsO_4^-$ 的共轭碱是(　　　)。

A.H_3AsO_4　　　　B.$HAsO_4^{2-}$　　　　C.AsO_4^{3-}　　　　D.$H_2AsO_3^-$

3. 同一温度下,0.4 mol/L HAc 溶液中的 H^+ 浓度是0.1 mol/L HAc 溶液中的 H^+ 浓度的(　　　)。

A.1 倍　　　　　　B.2 倍　　　　　　C.3 倍　　　　　　D.4 倍

4.往纯水中加入一些酸,在温度不变的情况下,下列说法正确的是(　　　)。

A.$[H^+]\times[OH^-]$ 的乘积增大　　　　　　B.$[H^+]\times[OH^-]$ 的乘积减小

C.$[H^+]\times[OH^-]$ 的乘积不变　　　　　　D.溶液 pH 值增大

5.已知常温下 NH_3 的 $K_b=1.8\times10^{-5}$,则其共轭酸的 K_h 等于(　　　)。

A.1.8×10^{-9}　　B.1.8×10^{-10}　　C.5.6×10^{-10}　　D.5.6×10^{-5}

6.下列各组混合液中,可作为缓冲溶液使用的是(　　　)。

A.0.1 mol/L HCl 与 0.1 mol/L NaOH 等体积混合

B.0.1 mol/L HAc 与 0.1 mol/L NaAc 等体积混合

C.0.1 mol/L $NaHCO_3$ 与 0.1 mol/L NaOH 等体积混合

D.0.01 mol/L $NH_3·H_2O$ 与 0.1 mol/L NH_4Cl 等体积混合

7.在 HAc—NaAc 组成的缓冲溶液中,如果$[HAc]>[Ac^-]$,则该缓冲溶液抵抗酸碱的能力为(　　　)。

A.抗酸能力大于抗碱能力　　　　　　B.抗碱能力大于抗酸能力

C.抗酸碱能力相同　　　　　　D.无法判断

8.欲配制 pH=7 的缓冲溶液,应选择的最合适的缓冲对是(　　　)。

(已知 HAc 的 $K_a=1.8\times10^{-5}$;NH_3 的 $K_b=1.8\times10^{-5}$;H_2CO_3 的 $K_{a1}=4.2\times10^{-7}$,$K_{a2}=5.6\times10^{-11}$;H_3PO_4 的 $K_{a1}=7.6\times10^{-3}$,$K_{a2}=6.3\times10^{-8}$,$K_{a3}=4.4\times10^{-13}$)

A.HAc-NaAc　　　　　　B.NH_3-NH_4Cl

C.NaH_2PO_4-Na_2HPO_4　　　　　　D.$NaHCO_3$-Na_2CO_3

二、计算及问答题

1.在 0.10 mol/L 次氯酸(HClO)溶液中,已知 $K_a = 3.5 \times 10^{-8}$,请计算溶液中的 $[H^+]$、$[ClO^-]$ 以及 HClO 的电离度。

2.在室温下,浓度为 0.10 mol/L 的 $NH_3 \cdot H_2O$ 的电离度为 1.34%,请计算 $NH_3 \cdot H_2O$ 的电离平衡常数 K_b。

3.计算:(1)40 mL 0.1 mol/L 氨水与 40 mL 0.1 mol/L 盐酸混合后,溶液的 $[H^+]$; (2)40 mL 0.1 mol/L 氨水与 20 mL 0.1 mol/L 盐酸混合后,溶液的 $[H^+]$。(NH_3 的 $K_b = 1.8 \times 10^{-5}$)

4.现欲配制 pH = 5 的缓冲溶液,则需向 0.50 L 浓度为 0.25 mol/L HAc 溶液中加入多少克 NaAc?(已知 HAc 的 $K_a = 1.8 \times 10^{-5}$,NaAc 的摩尔质量为 82 g/mol)

5.比较 ①硫酸分别在水中和醋酸中的酸性;②氢氟酸分别在醋酸和液氨中的酸性; ③氨分别在水中和在氢氟酸中的碱性。

6.说明同离子效应和盐效应对弱电解质电离度的影响。判断在 HAc 溶液中分别加入少许 NaCl 或 Na_2CO_3 后,溶液 pH 值会有什么变化。

7.根据酸碱质子理论:

(1) 写出下列分子或离子的共轭酸的化学式

SO_4^{2-};S^{2-};$H_2PO_4^-$;HSO_4^-;NH_3

(2) 写出下列分子或离子的共轭碱的化学式

H_2SO_4;H_2S;$H_2PO_4^-$;HSO_4^-;NH_4^+

8.常温下,在 H_2S 和 HCl 的混合溶液中,$[H^+] = 0.30$ mol/L,已知 H_2S 浓度为 0.10 mol/L,求该溶液中 $[S^{2-}]$?

9.要配制 pH 值为 5.0 的缓冲溶液,需称取多少克 $NaAc \cdot 3H_2O$ 固体溶解于 300 mL 0.5 mol/L 的 HAc 溶液中?

10.已知 H_2S 的 $K_{a1} = 5.7 \times 10^{-8}$,$K_{a2} = 1.2 \times 10^{-15}$;$H_3PO_4$ 的 $K_{a1} = 7.5 \times 10^{-3}$,$K_{a2} = 6.2 \times 10^{-8}$,$K_{a3} = 2.2 \times 10^{-13}$。试求:

(1)$H_3PO_4 + PO_4^{3-} \rightleftharpoons H_2PO_4^- + HPO_4^{2-}$ 的平衡常数 K。

(2)$S^{2-} + H_2O \rightleftharpoons HS^- + OH^-$ 的平衡常数 K。

第5章 沉淀溶解平衡

在实际的研究工作中,经常会遇到有沉淀生成和沉淀溶解的多相平衡,如$AgNO_3$溶液与KCl溶液混合即生成AgCl沉淀,$BaCl_2$溶液与Na_2SO_4溶液混合后生成$BaSO_4$沉淀,这类反应统称为沉淀反应;而$CaCO_3$与过量盐酸反应,原有沉淀便消失,这类反应称为溶解反应。在沉淀反应和溶解反应中总是伴随着一种固相物质的生成或消失。怎样判断沉淀能否生成?如何使沉淀析出更趋完全?又如何使沉淀溶解?这些都是沉淀溶解平衡要解决的问题。

5.1 溶度积

严格来说,在水中绝对不溶的物质是不存在的,只是溶解能力不同而已。在一定温度下,物质在水中溶解的能力强弱常以溶解度(符号S)来衡量。通常可以把溶解度小于0.01 g/100 g H_2O的物质称为难溶物质;溶解度为(0.01 ~ 1)g/100 g H_2O的物质称为微溶物质;溶解度为(1 ~ 10)g/100 g H_2O的物质为可溶物质;溶解度大于10 g/100 g H_2O的物质为易溶物质。在25 ℃时,AgCl、$BaSO_4$等都属于难溶物质。

5.1.1 溶度积常数

以难溶物AgCl为例,将晶态AgCl放入水中,由于受到水分子的作用,晶体表面的Ag^+和Cl^-之间的吸引力被削弱,部分Ag^+和Cl^-离开晶体表面而溶入水中,这一过程就是溶解;与此同时,随着溶液中Ag^+和Cl^-离子浓度逐渐增加,它们在作无序运动碰到AgCl晶体表面时,受到晶体上异号离子的吸引,又重新在晶体表面沉积,这就是沉淀。在一定温度下,当沉淀和溶解速率相等时就达到AgCl的沉淀溶解平衡,所得溶液即为该温度下AgCl的饱和溶液。此时虽然沉淀和溶解过程还在不断进行,但溶液中Ag^+和Cl^-的浓度不再改变,未溶解的AgCl固体与溶液中Ag^+、Cl^-间存在着如下平衡

$$AgCl(s) \underset{沉淀}{\overset{溶解}{\rightleftharpoons}} Ag^+(aq) + Cl^-(aq)$$

其平衡常数表达式(经验浓度平衡常数)为

$$K_{sp} = [Ag^+][Cl^-]$$

根据平衡常数表达式的书写原则,对于通式

$$A_mB_n(s) \underset{沉淀}{\overset{溶解}{\rightleftharpoons}} mA^{n+}(aq) + nB^{m-}(aq)$$

平衡常数表达式为

$$K_{sp} = [A^{n+}]^m[B^{m-}]^n \qquad (5.1)$$

式(5.1)表示,在难溶电解质的饱和溶液中,当温度一定时,其离子浓度的指数幂乘积为一常数,这个平衡常数 K_{sp} 称为溶度积常数,简称溶度积。与其他平衡常数一样,同一反应的溶度积只与温度有关,而与沉淀的量和溶液中离子浓度的变化无关。

表 5.1　常见难溶电解物质的溶度积(常温下)

化合物	K_{sp}	化合物	K_{sp}	化合物	K_{sp}
AgCl	1.8×10^{-10}	$CaCO_3$	2.8×10^{-9}	$Al(OH)_3$	1.3×10^{-33}
AgBr	5.0×10^{-13}	$CaC_2O_4 \cdot H_2O$	2.5×10^{-9}	$Mg(OH)_2$	5×10^{-12}
AgI	8.3×10^{-17}	CaF_2	2.7×10^{-11}	$PbCO_3$	7.4×10^{-14}
Ag_2CrO_4	1.1×10^{-12}	CuS	6.3×10^{-36}	$PbCrO_4$	2.8×10^{-13}
Ag_2S	6.3×10^{-50}	CuBr	5.3×10^{-9}	$PbSO_4$	1.6×10^{-8}
$BaCO_3$	5.1×10^{-9}	CuI	1.1×10^{-12}	PbS	1.1×10^{-28}
$BaSO_4$	1.1×10^{-10}	$Cu(OH)_2$	2.2×10^{-20}	PbI_2	7.1×10^{-9}
$BaCrO_4$	1.2×10^{-10}	Hg_2Cl_2	1.3×10^{-18}	$Pb(OH)_2$	1.2×10^{-15}
$Fe(OH)_3$	3.8×10^{-38}	Hg_2Br_2	5.6×10^{-23}		
$Fe(OH)_2$	8×10^{-16}	Hg_2I_2	4.5×10^{-28}		

5.1.2　溶解度与溶度积的关系

溶度积和溶解度都能用来表示物质溶解的难易程度,它们之间可以相互换算。需要注意的是,对于不同类型的难溶电解质,换算情况也不一样。

MA 型(如 AgCl)难溶电解质,若溶解度(单位转化为 mol/L)为 S mol/L,在其饱和溶液中 有

$$MA(s) \underset{沉淀}{\overset{溶解}{\rightleftharpoons}} M^+(aq) + A^-(aq)$$

平衡浓度(mol/L)　　　　　　　　　　S　　　　　S

根据式(5.1)有

$$K_{sp} = [M^+][A^-] = S \times S$$

$$K_{sp} = S^2$$

$$S = \sqrt{K_{sp}(MA)} \tag{5.2}$$

对于 MA_2 型(如 CaF_2)或 M_2A 型(如 Ag_2CrO_4)难溶电解质,同理可推导出其溶度积与溶解度的关系为

$$K_{sp} = 4S^3$$

$$S = \sqrt[3]{\frac{K_{sp}(MA)}{4}} \tag{5.3}$$

显然,只要知道难溶电解质的 K_{sp},就能求出该难溶电解质的溶解度;相反,只要知道难溶电解质的溶解度,同样能求得该难溶电解质的 K_{sp}。

【例5.1】 25 ℃ 时,$BaSO_4$ 的溶解度 $S = 2.43 \times 10^{-4}$ g/100 g H_2O,求 $BaSO_4$ 的 K_{sp}。

解: $$BaSO_4(s) \rightleftharpoons Ba^{2+}(aq) + SO_4^{2-}(aq)$$

$$K_{sp}(BaSO_4) = [Ba^{2+}][SO_4^{2-}]$$

因为 $M(BaSO_4) = 233.4$ g/mol,故 1 L 水中可溶解的 $BaSO_4$ 物质的量浓度为

$$c(BaSO_4) = \frac{2.43 \times 10^{-4} \text{ g/100 g } H_2O \times 1\,000 \text{ g/L}}{233.4 \text{ g/mol}}$$

$$= 1.04 \times 10^{-5} \text{ mol/L}$$

而每摩尔 $BaSO_4$ 溶解就生成 1 mol Ba^{2+} 和 1 mol SO_4^{2-}。因此在 $BaSO_4$ 饱和溶液中,

$$[Ba^{2+}] = [SO_4^{2-}] = 1.04 \times 10^{-5} \text{ mol/L}$$

所以

$$K_{sp}(BaSO_4) = [Ba^{2+}][SO_4^{2-}]$$

$$= (1.04 \times 10^{-5} \text{ mol/L})^2 = 1.08 \times 10^{-10} (\text{mol/L})^2$$

【例5.2】 已知室温下,250 mL 水中能溶解 4.00×10^{-3} g CaF_2,求 $K_{sp}(CaF_2)$。

解: $$CaF_2(s) \rightleftharpoons Ca^{2+}(aq) + 2 F^-(aq)$$

$$K_{sp}(CaF_2) = [Ca^{2+}][F^-]^2$$

因为 $M(CaF_2) = 78.08$ g/mol,所以 1 L 水中溶解的 CaF_2 为

$$c(CaF_2) = \frac{4.00 \times 10^{-3} \text{g}}{78.08 \text{ g/mol} \times 0.25 \text{ L}} = 2.05 \times 10^{-4} \text{ mol/L}$$

即

$$[Ca^{2+}] = 2.05 \times 10^{-4} \text{ mol/L}$$

$$[F^-] = 2 \times 2.05 \times 10^{-4} = 4.10 \times 10^{-4} \text{ mol/L}$$

所以

$$K_{sp}(CaF_2) = [Ca^{2+}][F^-]^2$$
$$= 2.05 \times 10^{-4} \text{ mol/L} \times (4.10 \times 10^{-4} \text{ mol/L})^2$$
$$= 3.45 \times 10^{-11} (\text{mol/L})^3$$

【例5.3】　已知室温下，Ag_2CrO_4 的 K_{sp} 为 $1.12 \times 10^{-12} (\text{mol/L})^3$，问 Ag_2CrO_4 的溶解度 S 为多少？

解：设 Ag_2CrO_4 的溶解度为 S mol/L，根据

$$Ag_2CrO_4(s) \rightleftharpoons 2Ag^+(aq) + CrO_4^{2-}(aq)$$

可知达平衡时，$[Ag^+] = 2S$ mol/L，$[CrO_4^{2-}] = S$ mol/L，

所以

$$K_{sp}(Ag_2CrO_4) = [Ag^+]^2[CrO_4^{2-}] = (2S)^2 \cdot S = 1.12 \times 10^{-12} (\text{mol/L})^3$$
$$S = 6.54 \times 10^{-5} \text{ mol/L}$$

$M(Ag_2CrO_4) = 331.7$ g/mol，所以溶解度 S 为

$$S = 6.54 \times 10^{-5} \text{ mol/L} \times 331.7 \text{ g/mol} = 2.17 \times 10^{-2} \text{ g/L}$$

由于每升水的质量为 1 000 g，因此

$$S = 2.17 \times 10^{-2} \text{ g}/1000 \text{ g } H_2O = 2.17 \times 10^{-3} \text{ g}/100 \text{ g } H_2O$$

几种类型的难溶电解质的溶解度和溶度积见表 5.2。

表 5.2　几种类型的难溶电解质的溶解度和溶度积

难溶电解质类型	难溶电解质	溶度积 K_{sp}	溶解度 /(mol · L^{-1})
MA	AgCl	1.77×10^{-10}	1.33×10^{-5}
	$BaSO_4$	1.08×10^{-10}	1.04×10^{-5}
MA_2	CaF_2	3.45×10^{-11}	2.05×10^{-4}
M_2A	Ag_2CrO_4	1.12×10^{-12}	6.54×10^{-5}

从表 5.2 中可以看出，对于同类型难溶电解质，溶度积大的，溶解度也大，因此可以根据溶度积的大小直接比较溶解度的相对高低。但是，对于不同类型的难溶电解质，不能简单地根据溶度积的大小来判断溶解度的相对大小，因为溶解度和溶度积之间的关系式不一样。例如，虽然 $K_{sp}(AgCl) > K_{sp}(Ag_2CrO_4)$，但在同温下，$Ag_2CrO_4$ 的溶解度较 AgCl 的大。

5.2　沉淀的生成和溶解

根据范特霍夫等温方程式和平衡移动原理,可以解决溶液中沉淀的生成、沉淀的溶解和转化等一系列问题。

5.2.1　溶度积规则

对于任一难溶电解质,若存在如下平衡

$$M_mA_n(s) \underset{沉淀}{\overset{溶解}{\rightleftharpoons}} mM^{n+}(aq) + nA^{m-}(aq)$$

则浓度商 Q_c(在此又称为离子积)为

$$Q_c = \{c(M^{n+})/c^\ominus\}^m\{c(A^{m-})/c^\ominus\}^n$$

根据 $\Delta_r G(T) = RT \ln \dfrac{Q}{K^\ominus}$ 有:

若 $Q_c > K_{sp}^\ominus$,则 $\Delta G > 0$,反应将向左进行,溶液为过饱和状态,将生成沉淀;

若 $Q_c < K_{sp}^\ominus$,则 $\Delta G < 0$,反应向右(溶解的方向)进行,溶液为不饱和状态,将无沉淀析出,若有固体物质存在则会发生溶解。

当 $Q_c = K_{sp}^\ominus$ 时,为饱和溶液,反应达到动态平衡。

这一规律就称为溶度积规则。

【例5.4】　已知某温度下 BaF_2 的 $K_{sp}^\ominus = 1.84 \times 10^{-7}$。现将 20 mL 浓度为 0.05 mol/L 的 $BaCl_2$ 溶液与 30 mL 浓度为 0.05 mol/L 的 KF 溶液混合,问有无 BaF_2 沉淀生成。

解:在混合溶液中,有

$$c(Ba^{2+}) = \frac{0.05 \text{ mol/L} \times 2 \times 10^{-2} \text{ L}}{5 \times 10^{-2} \text{ L}} = 2.0 \times 10^{-2} \text{ mol/L}$$

$$c(F^-) = \frac{0.05 \text{ mol/L} \times 3 \times 10^{-2} \text{ L}}{5 \times 10^{-2} \text{ L}} = 3.0 \times 10^{-2} \text{ mol/L}$$

由于

$$Q_c = \{c(Ba^{2+})/c^\ominus\}\{c(F^-)/c^\ominus\}^2$$

所以

$$Q_c = \frac{2.0 \times 10^{-2} \text{mol/L}}{1 \text{ mol/L}} \times \left(\frac{3.0 \times 10^{-2} \text{mol/L}}{1 \text{ mol/L}}\right)^2 = 1.8 \times 10^{-5}$$

由于 $Q_c > K_{sp}^\ominus$,所以根据溶度积规则,将生成 BaF_2 沉淀。

【例5.5】　将 10 mL 浓度为 0.02 mol/L 的 $CaCl_2$ 溶液与等体积等浓度的 $Na_2C_2O_4$ 溶液

混合,根据溶度积规则判断是否有沉淀生成。(已知 $K_{sp}^{\ominus}(CaC_2O_4) = 2.32 \times 10^{-9}$)

解:在混合溶液中,根据已知条件可知

$$c(Ca^{2+}) = \frac{0.02 \text{ mol/L} \times 1 \times 10^{-2} \text{ L}}{2 \times 10^{-2} \text{ L}} = 0.01 \text{ mol/L}$$

$$c(C_2O_4^{2-}) = \frac{0.02 \text{ mol/L} \times 1 \times 10^{-2} \text{ L}}{2 \times 10^{-2} \text{ L}} = 0.01 \text{ mol/L}$$

所以

$$Q_c = \frac{c(Ca^{2+})}{c^{\ominus}} \times \frac{c(C_2O_4^{2-})}{c^{\ominus}} = \frac{0.01 \text{ mol/L}}{1 \text{ mol/L}} \times \frac{0.01 \text{ mol/L}}{1 \text{ mol/L}} = 1 \times 10^{-4}$$

由于 $Q_c > K_{sp}^{\ominus}$,所以根据溶度积规则,有 CaC_2O_4 沉淀析出。

5.2.2 影响沉淀溶解平衡的主要因素

弄清了影响沉淀溶解平衡的主要因素,才能有效控制难溶电解质溶解度的大小,使沉淀相对完全或实现沉淀的溶解。

1.同离子效应与盐效应

【例5.6】 已知 Ag_2CrO_4 的 $K_{sp} = 1.12 \times 10^{-12}$,计算 Ag_2CrO_4 在纯水中的溶解度。若向 Ag_2CrO_4 饱和水溶液中加入一定量的固体 $AgNO_3$ 或固体 Na_2CrO_4,使它们在溶液中的浓度变为 0.10 mol/L,再分别计算 2 种情况下 Ag_2CrO_4 的溶解度。

解:设溶解度(单位转化为 mol/L)为 x

在 Ag_2CrO_4 的饱和水溶液中,存在下列平衡

$$Ag_2CrO_4 \rightleftharpoons 2Ag^+ + CrO_4^{2-} \qquad K_{sp} = 1.12 \times 10^{-12}$$

根据式(5.3)有

$$x = \sqrt[3]{\frac{K_{sp}}{4}} = \sqrt[3]{\frac{1.12 \times 10^{-12}(\text{mol/L})^3}{4}} = 6.5 \times 10^{-5} \text{mol/L}$$

故 Ag_2CrO_4 在纯水中的溶解度为 6.5×10^{-5} mol/L。

(1) 当加入 $AgNO_3$ 后,溶液中 Ag^+ 浓度增大,$[Ag^+]^2[CrCO_4^{2-}] > K_{sp}$,即有 Ag_2CrO_4 沉淀析出,达新平衡后 Ag_2CrO_4 溶解度可以 $[CrO_4^{2-}]$ 表示。$AgNO_3$ 电离的 Ag^+ 浓度为 0.10 mol/L,假设溶解的 Ag_2CrO_4 浓度为 x mol/L,因此有

$$Ag_2CrO_4 \rightleftharpoons 2Ag^+ + CrO_4^{2-}$$

平衡浓度(mol/L) $\qquad\qquad 2x + 0.10 \qquad x$

由于 $2x + 0.10 \approx 0.10$

所以

$$x = \frac{K_{sp}}{[Ag^+]^2} \approx \frac{1.12 \times 10^{-12}(mol/L)^3}{[0.10 \, mol/L]^2} = 1.12 \times 10^{-10} \, mol/L$$

加入 0.10 mol/L 的 AgNO₃ 后,Ag₂CrO₄ 的溶解度(单位转化为 mol/L)为 1.12 × 10⁻¹⁰ mol/L,比在纯水中降低了约 10⁵ 倍。

(2)若加入 Na₂CrO₄,情况同(1),但 Ag₂CrO₄ 的溶解度应该通过[Ag⁺]来计算。设 Ag₂CrO₄ 的溶解度为 x(单位转化为 mol/L)

$$Ag_2CrO_4 \rightleftharpoons 2Ag^+ + CrO_4^{2-}$$

平衡浓度(mol/L)　　　　　　　　2x　　　x + 0.10

由于 2x + 0.10 ≈ 0.10

所以

$$[Ag^+] = 2x = \sqrt{\frac{K_{sp}}{[CrO_4^{2-}]}} \approx \sqrt{\frac{1.12 \times 10^{-12}(mol/L)^3}{0.10 \, mol/L}} = 3.3 \times 10^{-6} \, mol/L$$

$$x = 1.65 \times 10^{-6} \, mol/L$$

Ag₂CrO₄ 的溶解度(单位转化为 mol/L)为 1.65 × 10⁻⁶ mol/L,比在纯水中降低近 38 倍。

由上例可见,在难溶电解质的平衡体系中,加入含有相同离子的试剂后,都会有更多的沉淀生成,致使难溶电解质溶解度降低,这种因加入含有相同离子的强电解质而使沉淀溶解平衡向左移动,导致难溶电解质溶解度降低的效应称为沉淀溶解平衡的同离子效应。

在 BaSO₄ 或 AgCl 的饱和溶液中加入不含相同离子的强电解质例如 KNO₃ 时,这两种难溶电解质的溶解度都比在纯水中的溶解度要大。这种因加入不含相同离子的强电解质而使难溶电解质溶解度增大的效应称为盐效应。对于盐效应,可作如下定性解释:在加入强电解质后,溶液中离子数目骤增,正负离子的周围都吸引了大量异性电荷离子而形成"离子氛",束缚了这些离子的自由行动,难溶电解质的离子活度(有效浓度)降低,造成沉淀溶解平衡右移,所以难溶电解质溶解度就增加了。

总之,盐效应和同离子效应是影响沉淀溶解平衡的两个重要因素,一般情况下,盐效应的影响比同离子效应要小得多,当这两种效应同时发生时一般忽略盐效应的影响。

2.酸效应

这里的酸效应主要指,沉淀反应中,除强酸所形成的沉淀外,由弱酸或多元酸构成的沉淀以及氢氧化物沉淀的溶解度随溶液的 pH 值减小而增大的现象。因此,对弱酸或多元酸所构成的沉淀以及氢氧化物沉淀等,就可以通过控制酸碱度达到沉淀完全或溶解沉淀的目的。例如:

$$CaCO_3(s) \Longleftrightarrow Ca^{2+}(aq) + CO_3^{2-}(aq)$$

$$CO_3^{2-}(aq) + 2H^+(aq) \Longleftrightarrow H_2CO_3(aq)$$

$$H_2CO_3(aq) \Longleftrightarrow CO_2(g) + H_2O(l)$$

总反应： $CaCO_3(s) + 2H^+(aq) \Longleftrightarrow Ca^{2+}(aq) + CO_2(g) + H_2O(l)$

$$Mg(OH)_2(s) \Longleftrightarrow Mg^{2+}(aq) + 2OH^-(aq)$$

$$2OH^-(aq) + 2H^+(aq) \Longleftrightarrow 2H_2O(l)$$

总反应： $Mg(OH)_2(s) + 2H^+(aq) \Longleftrightarrow Mg^{2+}(aq) + 2H_2O(l)$

对于上述反应，$CaCO_3$ 的溶解，是阴离子 CO_3^{2-} 与强酸结合生成难电离的弱酸 H_2CO_3，最终生成 CO_2 气体，CO_3^{2-} 浓度降低，沉淀溶解平衡右移所致。$Mg(OH)_2$ 的溶解，是由于 OH^- 和强酸结合生成了水，OH^- 浓度降低，沉淀溶解平衡右移。

3.氧化还原

由于氧化还原反应的发生使沉淀溶解度发生改变的现象称为沉淀反应的氧化还原效应，例如 CuS 易溶于具有氧化性的稀 HNO_3 中

$$3CuS(s) \Longleftrightarrow 3Cu^{2+}(aq) + 3S^{2-}(aq)$$

$$3S^{2-}(aq) + 2NO_3^-(aq) + 8H^+(aq) \Longleftrightarrow 3S\downarrow(s) + 2NO\uparrow(g) + 4H_2O(l)$$

总反应：

$$3CuS(s) + 8HNO_3(aq) \Longleftrightarrow 3Cu(NO_3)_2(aq) + 3S\downarrow(s) + 2NO\uparrow(g) + 4H_2O(l)$$

CuS 的溶解是借助 HNO_3 的氧化性，将 S^{2-} 氧化成单质硫析出，从而降低 S^{2-} 的浓度，使沉淀溶解平衡右移实现的。

4.配位效应

若沉淀剂本身具有一定的配位能力，或有其他配位剂存在，能与被沉淀的金属离子形成配离子(如 Cu^{2+} 与 NH_3 能形成铜氨配离子 $[Cu(NH_3)_4]^{2+}$)，则沉淀的溶解度增大，甚至不产生沉淀，这种现象就称为沉淀反应的配位效应。

一般来说，若沉淀的溶解度越大，形成的配离子越稳定，则配位效应的影响就越严重。有些难溶电解质的溶解，就是利用了这种效应。例如，$AgCl$ 沉淀在氨水中的溶解

$$AgCl(s) + 2NH_3(aq) \Longleftrightarrow [Ag(NH_3)_2]^+(aq) + Cl^-(aq)$$

5.2.3　沉淀的转化

沉淀的转化是指一种沉淀借助某一试剂，转化为另一种沉淀的过程。例如，要除去锅炉内壁的水垢(主要成分为 $CaSO_4$)，可加入 Na_2CO_3 溶液，使 $CaSO_4$ 转变为溶解度更

小的 $CaCO_3$，然后通过流体的冲击以及适当摩擦剂的作用，使水垢被除去。转化反应为

$$CaSO_4(s) + CO_3^{2-}(aq) \rightleftharpoons CaCO_3(s) + SO_4^{2-}(aq)$$

该转化反应的完成程度同样可以用平衡常数加以衡量

$$K_c = \frac{[SO_4^{2-}]}{[CO_3^{2-}]} = \frac{K_{sp}(CaSO_4)}{K_{sp}(CaCO_3)}$$

从以上转化反应及其平衡常数表达式可以看出，转化反应能否发生与两种难溶电解质的溶度积的相对大小有关。一般来说，溶度积较大的难溶电解质容易转化为溶度积较小的难溶电解质。两种电解质的溶度积相差越大，沉淀转化越容易发生而且进行得越完全。

【例 5.7】 某温度下，在 1.0 L Na_2CO_3 溶液中溶解了 0.01 mol $CaSO_4$，问 Na_2CO_3 的初始浓度应为多少。（已知 $K_{sp}(CaSO_4) = 4.93 \times 10^{-5}$，$K_{sp}(CaCO_3) = 3.36 \times 10^{-9}$）

解： 因为

$$K_c = \frac{[SO_4^{2-}]}{[CO_3^{2-}]} = \frac{K_{sp}(CaSO_4)}{K_{sp}(CaCO_3)} = 1.47 \times 10^4$$

平衡时，$[SO_4^{2-}] = 0.01$ mol/L

所以

$$[CO_3^{2-}] = \frac{0.01 \text{ mol/L}}{1.47 \times 10^4} = 6.8 \times 10^{-7} \text{ mol/L}$$

故 Na_2CO_3 的初始浓度应为 6.8×10^{-7} mol/L。

综上所述，沉淀的溶解和生成都能依靠溶度积规则解决。凡是能增加难溶电解质在溶液中的离子浓度，使 $Q_c > K_{sp}^\ominus$，就可以生成沉淀。反之，能减少难溶电解质在溶液中的离子浓度，使 $Q_c < K_{sp}^\ominus$，就可以使沉淀溶解或转化。

5.3　分步沉淀

前面讨论的沉淀的生成和溶解都是针对溶液中只有一种难溶电解质的情况，在生产和科学研究等实际工作中，一个体系中常常同时存在多种离子，它们都能与加入的同一沉淀剂发生沉淀反应，生成难溶电解质，如何控制条件使它们先后沉淀呢？同样的，一个体系中可能同时存在几种难溶电解质，如何控制条件使它们逐一溶解呢？分步沉淀就是指混合溶液中离子发生先后沉淀的现象。

在多组分体系中，若各组分都可能与沉淀剂形成沉淀，通常是在溶液中先达到饱和的那种难溶电解质先沉淀出来，或者说达饱和需要的离子浓度较低的那种难溶电解质先沉淀出来。

【例 5.8】　向 Cl^- 和 Br^- 浓度均为 0.10 mol/L 的溶液中逐滴加入 $AgNO_3$ 溶液,问哪一种离子先沉淀? 第二种离子开始沉淀时,溶液中第一种离子的浓度是多少? 两者有无分离的可能? (已知 $K_{sp}(AgCl) = 1.77 \times 10^{-10}$, $K_{sp}(AgBr) = 5.0 \times 10^{-13}$。某种离子浓度小于 1.0×10^{-5} mol/L 时说明该离子沉淀完全)

解:假设计算过程都不考虑加入试剂后溶液体积的变化。根据式 5.1,AgCl 和 AgBr 达到饱和所需的 Ag^+ 浓度分别为

$$[Ag^+] = \frac{K_{sp}(AgCl)}{[Cl^-]} = \frac{1.77 \times 10^{-10}(mol/L)^2}{0.10 \ mol/L}$$

$$= 1.77 \times 10^{-9} \ mol/L$$

$$[Ag^+] = \frac{K_{sp}(AgBr)}{[Br^-]} = \frac{5.0 \times 10^{-13}(mol/L)^2}{0.10 \ mol/L}$$

$$= 5.0 \times 10^{-12} \ mol/L$$

由于 AgBr 达到饱和需要的 Ag^+ 浓度低,故 Br^- 首先沉淀出来。

当 Cl^- 开始沉淀时,溶液对 AgCl 来说达到饱和,而对 AgBr 来说早已饱和,这时 Ag^+ 浓度必须同时满足这两个沉淀溶解平衡,所以有

$$[Ag^+] = \frac{K_{sp}(AgCl)}{[Cl^-]} = \frac{K_{sp}(AgBr)}{[Br^-]}$$

当 AgCl 开始沉淀时,Cl^- 浓度为 0.10 mol/L,此时溶液中剩余的 Br^- 浓度为

$$[Br^-] = \frac{K_{sp}(AgBr)}{[Ag^+]} = \frac{K_{sp}(AgBr)}{K_{sp}(AgCl)/[Cl^-]}$$

$$= \frac{5.0 \times 10^{-13}(mol/L)^2}{1.77 \times 10^{-9} \ mol/L} = 2.82 \times 10^{-4} \ mol/L$$

可见,当 Cl^- 开始沉淀时,Br^- 的浓度仍大于 10^{-5} mol/L,说明未能完全沉淀,故两者不能分离。

一般来说,当溶液中存在几种离子时,若是同类型的难溶电解质,则它们的溶度积相差越大,混合离子就越易实现分离。此外,沉淀的次序和分离也与溶液中各种离子的浓度有关。若两种难溶电解质的溶度积相差不大时,则适当地改变溶液中被沉淀离子的浓度,也可以使沉淀的结果发生变化。

【例 5.9】　室温下,某溶液中含有 Pb^{2+} 和 Ba^{2+},(1) 若它们的浓度均为 0.1 mol/L,问加入 Na_2SO_4 试剂后,哪一种离子先沉淀? 两者有无分离的可能? (2) 若 Pb^{2+} 浓度为 0.001 mol/L,Ba^{2+} 的浓度仍为 0.1 mol/L,两者有无分离的可能? (已知室温下

$$K_{sp}(PbSO_4) = 2.53 \times 10^{-8}, K_{sp}(BaSO_4) = 1.08 \times 10^{-10})$$

解:(1) 沉淀 Pb^{2+} 所需的 SO_4^{2-} 浓度为

$$[SO_4^{2-}] = \frac{K_{sp}(PbSO_4)}{[Pb^{2+}]} = \frac{2.53 \times 10^{-8}(mol/L)^2}{0.1\ mol/L}$$

$$= 2.53 \times 10^{-7}\ mol/L$$

沉淀 Ba^{2+} 所需的 SO_4^{2-} 浓度为

$$[SO_4^{2-}] = \frac{K_{sp}(BaSO_4)}{[Ba^{2+}]} = \frac{1.08 \times 10^{-10}(mol/L)^2}{0.1\ mol/L}$$

$$= 1.08 \times 10^{-9}\ mol/L$$

由于沉淀 Ba^{2+} 所需的 SO_4^{2-} 浓度低,所以 Ba^{2+} 先沉淀。当 $PbSO_4$ 也开始沉淀时

$$[Ba^{2+}] = \frac{K_{sp}(BaSO_4)}{[SO_4^{2-}]}$$

$$= \frac{K_{sp}(BaSO_4)}{K_{sp}(PbSO_4)/[Pb^{2+}]}$$

$$= \frac{1.08 \times 10^{-10}(mol/L)^2}{2.53 \times 10^{-7}\ mol/L} = 4.27 \times 10^{-4}\ mol/L$$

$PbSO_4$ 开始沉淀时,溶液中 Ba^{2+} 的浓度大于 $10^{-5}\ mol/L$,故两者不能实现定性分离。

(2) 沉淀顺序不变,当 $PbSO_4$ 开始沉淀时,溶液中 Ba^{2+} 浓度为

$$[Ba^{2+}] = \frac{K_{sp}(BaSO_4)}{K_{sp}(PbSO_4)/[Pb^{2+}]}$$

$$= \frac{1.08 \times 10^{-10}(mol/L)^2}{2.53 \times 10^{-5}\ mol/L} = 4.27 \times 10^{-6}\ mol/L$$

Ba^{2+} 的浓度小于 $10^{-5}\ mol/L$,说明已沉淀完全,两种离子能够实现分离。

如果是不同类型的难溶电解质,例如用 $AgNO_3$ 沉淀 Cl^- 和 CrO_4^{2-}(Cl^- 和 CrO_4^{2-} 浓度均为 $0.01\ mol/L$),开始沉淀(达到饱和)时所需$[Ag^+]$分别为

$$[Ag^+] = \frac{K_{sp}(AgCl)}{[Cl^-]} = \frac{1.77 \times 10^{-10}(mol/L)^2}{0.010\ mol/L} = 1.8 \times 10^{-8}\ mol/L$$

$$[Ag^+] = \sqrt{\frac{K_{sp}(Ag_2CrO_4)}{[CrO_4^{2-}]}} = \sqrt{\frac{1.12 \times 10^{-12}(mol/L)^3}{0.010\ mol/L}} = 1.1 \times 10^{-5}\ mol/L$$

可以看出,虽然 Ag_2CrO_4 的 K_{sp} 更小,但沉淀 Cl^- 所需的$[Ag^+]$却比沉淀 CrO_4^{2-} 所需 $[Ag^+]$ 小得多,在这种情况下,反而是 K_{sp} 大的 $AgCl$ 先沉淀。

小 结

沉淀溶解反应的平衡常数称为溶度积常数 K_{sp},难溶电解质的 K_{sp} 通常根据测定的难溶电解质饱和溶液中相应离子的浓度而求得,也可以根据公式通过难溶电解质的溶解度来计算。

根据溶液中离子积与溶度积的关系,可以判断沉淀的生成和溶解:同离子效应使沉淀更趋完全,盐效应使沉淀的溶解度有所增大。沉淀的溶解往往和酸碱平衡、氧化还原平衡、配位平衡相联系,故实际的沉淀溶解平衡属于多重平衡。

在多组分体系中,当一种试剂能沉淀溶液中的几种离子时,生成沉淀(达到饱和)所需试剂离子浓度越小的越先沉淀;如果生成各沉淀所需试剂离子的浓度相差较大,就能分步沉淀,从而达到分离目的。当然,分离效果还与溶液中被沉淀离子的初始浓度有关。

习 题

一、选择题

1.已知 $Sr_3(PO_4)_2$ 的溶解度(单位转化为 mol/L)为 1.0×10^{-6} mol/L,则该物质的溶度积常数 K_{sp} 为(   )。

A.1.0×10^{-30} B.1.1×10^{-28} C.5.0×10^{-30} D.1.0×10^{-12}

2.已知 $Zn(OH)_2$ 的 K_{sp} 为 1.2×10^{-17},则它在水中的溶解度(单位转化为 mol/L)为(   )。

A.1.4×10^{-6} mol/L   B.2.3×10^{-6} mol/L

C.1.4×10^{-9} mol/L   D.2.3×10^{-9} mol/L

3.已知 $K_{sp}(AgCl) = 1.8 \times 10^{-6}$,$K_{sp}(Ag_2CrO_4) = 2.0 \times 10^{-12}$,则下列叙述正确的是(   )。

A.$AgCl$ 和 Ag_2CrO_4 溶解度相等

B.$AgCl$ 的溶解度大于 Ag_2CrO_4

C.$AgCl$ 的溶解度小于 Ag_2CrO_4

D.二者类型不同,不能由 K_{sp} 大小直接判断溶解度大小

4.混合溶液中,KCl、KBr、K_2CrO_4 的浓度均为 0.01 mol/L。向溶液中逐滴加入浓度为 0.01 mol/L 的 $AgNO_3$ 溶液时,最先沉淀和最后沉淀的分别是(   )。(已知 $K_{sp}(AgCl) =$

1.8×10^{-10}，$K_{sp}(Ag_2CrO_4) = 2.0 \times 10^{-12}$，$K_{sp}(AgBr) = 5.0 \times 10^{-13}$）

A.AgBr；AgCl   B.AgBr；Ag_2CrO_4

C.Ag_2CrO_4；AgCl   D.同时沉淀

5.下列试剂能使 $CaSO_4$ 溶解度增大的是（   ）。

A.$CaCl_2$ B.Na_2SO_4 C.NH_4Ac D.H_2O

二、填空题

1.由 ZnS 转化为 CuS 这个反应的平衡常数应表示为_____。

2.向 AgI 的饱和溶液中加入 $AgNO_3$，则 $[I^-]$ 将_____（填"增大""减小"或"不变"，下同），若改加更多的 AgI，则 $[Ag^+]$ 将_____，若改加 $NaNO_3$，则 $[I^-]$ 将_____，$[Ag^+]$ 将_____。

三、计算题

1.常温下，将 0.01 mol/L $SrCl_2$ 溶液 2 mL 和 0.1 mol/L K_2SO_4 溶液 3 mL 混合，通过计算说明有无 $SrSO_4$ 沉淀生成。（已知 $K_{sp}(SrSO_4) = 3.81 \times 10^{-7}$）

2.向 Cl^- 和 CrO_4^{2-} 的浓度都是 0.10 mol/L 的混合溶液中逐滴加入 $AgNO_3$ 溶液（忽略体积变化），问 Cl^- 和 CrO_4^{2-} 哪一种先沉淀？ 当第二种离子开始沉淀时，溶液中的另一种离子浓度是多少？

3.1 L 溶液中分别含有 0.01 mol Ag^+、Pb^{2+}、Hg_2^{2+}，要使它们都沉淀为碘化物，各自需要的最低 I^- 浓度是多少？ 它们的沉淀次序如何？ 当最后一种沉淀析出时，另外残存的两种离子浓度是多少？

（不提供数据，学生自行查表 61 页表 5.1）

4.在含有固体 AgCl 的饱和溶液中，分别加入下列物质，对 AgCl 的溶解度有什么影响，并解释之：（1）盐酸；（2）$AgNO_3$；（3）KNO_3；（4）氨水。

5.在 100 ml 浓度为 0.2 mol/L 的 $MnCl_2$ 溶液中加入等体积含有 NH_4Cl 的 0.001 mol/L 的氨水溶液，在此氨水溶液中需要含有多少克 NH_4Cl，才能使两溶液混合时不会生成 $Mn(OH)_2$ 沉淀？（已知：$K_{sp}^{\ominus}(Mn(OH)_2) = 4 \times 10^{-14}$）

6.Cl^-、Br^-、I^- 都能与 Ag^+ 生成难溶盐。已知溶液中含有上述 3 种离子且浓度均为 0.01 mol/L，加入 Ag^+ 时，3 种离子的沉淀顺序是什么？ 当第三种难溶盐开始沉淀时，前两种离子的浓度各为多少？

第6章　物质结构基础

为了深入了解物质的性质及其变化规律的根本原因,本章将进一步研究物质的微观结构。本章主要讨论电子在核外的运动状态和核外电子分布的一般规律,以及周期系与原子结构的关系,并介绍化学键、分子的空间构型及晶体的基本类型等有关分子结构和晶体结构的基础知识。

6.1　氢原子结构的近代概念

卢瑟福(E.Rutherford)在 1911 年通过 α 离子散射实验提出了有核原子模型:原子中心有一个原子核,它集中了原子中的全部正电荷和绝大部分质量,带负电荷的电子在核外空间绕核高速运动。原子半径约为 140 pm(1 pm = 1×10^{-12} m),原子核半径为 1 ~ 10 fm(1 fm = 1×10^{-15} m),原子核中质子和中子的单个质量均约为 1.67×10^{-27} kg,而核外电子单个质量约为 9.1094×10^{-31} kg。这些数据说明原子核体积小、密度大,且集中了原子的全部正电荷和(99.9% 以上)的质量。

氢原子是最简单的原子,人们在研究原子结构时,首先从氢原子结构入手。1913 丹麦物理学家玻尔(N.Bohr)在卢瑟福有核原子模型基础上综合普朗克量子论,提出了个开创性的假设:原子中的电子只能在一些固定轨道(有固定的半径和能量)上绕原子核作圆周运动,不辐射也不吸收能量,只有当电子在不同轨道上发生跃迁时原子才放出或吸收能量,并运用牛顿力学定律推算了氢原子的轨道半径 r 和能量 E 以及电子从高能量轨道跃迁至低能量轨道时辐射光的频率 ν。它们都与正整数 n 有关,可分别表示如下

$$r = a_0 n^2 \tag{6.1}$$

式中, $a_0 = 0.053$ nm,通常称为玻尔半径, $n = 1,2,3,4\cdots$,称为主量子数, $n_1 < n_2$。

$$E = -\frac{1312 \text{ kJ/mol}(\text{或 } 13.6 \text{ eV/e})}{n^2} \tag{6.2}$$

$$\nu = 1.097 \times 10^7 \ m^{-1} \times \left(\frac{1}{n_1^2} - \frac{1}{n_2^2} \right) \tag{6.3}$$

式中,$1.097 \times 10^7 \ m^{-1}$ 称为里德伯常数。

玻尔理论成功地解释了氢原子光谱,并提出了原子能级和主量子数 n 等重要概念,对光谱学的研究以及近代原子结构的发展作出了一定的贡献。但玻尔理论不能说明多电子原子的光谱,也不能解释原子形成分子的化学键本质。这主要是由于微观粒子(如原子、电子)等与宏观物质不同,前者遵循着特有的运动特征和规律,即能量的量子化、波粒二象性和统计性。

6.1.1　微观粒子的波粒二象性和测不准原理

1.波粒二象性

在 20 世纪初,科学家明确了光既具有波动性,又具有微粒性。1924 年,德布罗意(Louis de Broglie) 在这一事实的启发下,提出了具有静止质量的微观粒子(如电子)也具有波粒二象性的特征,并预言微观粒子的波长 λ 和质量 m、运动速率 v 可通过普朗克常数 h 联系起来:

$$h = 6.626 \times 10^{-34} \ J \cdot S$$

$$\lambda = \frac{h}{mv} \tag{6.4}$$

例如,对于电子,其质量为 $9.1 \times 10^{-31} \ kg$,若电子的运动速率为 $1.0 \times 10^6 \ m/s$,则通过式(6.4)可求得其波长为 0.73 nm,这与其直径(约 $1 \times 10^{-6} \ nm$) 相比,显示出明显的波动特征。相反地,对于宏观物质,因其质量大,所以其显示的波动性是极其微弱的,通常可不予考虑。

德布罗意的预言被电子衍射实验所证实。1927 年,毕柏曼等人以极弱的电子束通过金属箔使其发生衍射,实验中电子几乎是一个一个地通过金属箔的。如果实验时间较短,则在底片上出现若干似乎是不规则分布的感光点[图 6.1(a)],这表明电子显粒子性。若实验时间较长,则底片上形成衍射环纹[图 6.1(b)],这显示出了电子的波动性。这就说

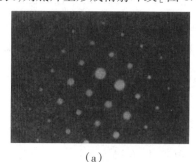 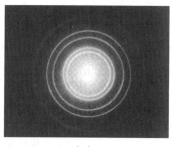

(a)　　　　　　　　　　　　(b)

图 6.1　毕柏曼等的电子衍射实验结果示意图

明,对一个微粒(电子)的一次行为而言,是不能确定它究竟要落在哪一点的,但若重复进行许多次相同的实验,则能显示出电子在空间位置上出现衍射环纹的规律。所以电子的波动性是电子无数次行为的统计结果。从图 6.1(b) 可知,亮环纹处表明衍射强度大,电子出现的次数多,即电子出现的概率较大;暗环纹处表明衍射强度较小,电子出现次数少,即电子出现的概率较小。衍射强度是物质波强度的一种反映。统计解释认为,在空间任一点物质波的强度与微粒出现的概率密度成正比。因此,电子等物质波是具有统计性的概率波。它与由于介质振动引起的机械波(如常见的水波)不同。

2.测不准原理

在经典力学中,宏观物体均具有确定的位置和动量,有明确的运动轨迹并在此轨迹上运动。但微观粒子的运动不能用经典力学来解释,在量子力学中,我们不能同时准确测出微观粒子的位置和动量,这就是海森堡(Heisenberg)测不准原理,又称不确定关系。它的数学关系式如下

$$\Delta x \Delta P \geqslant \frac{h}{4\pi}$$

其中,Δx 代表微观粒子位置的不确定性,ΔP 代表微观粒子动量的不确定性,h 代表普朗克常数。根据这个公式,微观粒子无法同时准确测出位置和动量,也就是说它运动时没有确定的轨道。

6.1.2 波函数

由于微观粒子具有波动性和不确定关系,因此要描述微观粒子的运动状态,必须借助概率密度这个概念,这就需要引入波函数,下面具体讨论波函数。

波函数不是一个具体的数值,而是量子力学中用空间坐标来描写微观系统状态的函数,以表征原子中电子的运动状态,故习惯上将波函数称为原子轨道。若设法将代表电子不同运动状态的各种波函数与空间坐标的关系用图的形式来表示,还可得到各种波的图形。

氢原子中代表电子运动状态的波函数可以通过求解薛定谔方程(Schrödinger Equation)而得到,但求解过程很复杂,下面只介绍求解所得到的一些重要概念。

1.波函数和量子数

求解薛定谔方程不仅可得到氢原子中电子的能量 E 与主量子数 n 有关的计算公式,而且可以自然地导出主量子数 n、角量子数 l 和磁量子数 m。即,求解结果表明波函数 ψ 的具体表达式与上述 3 个量子数有关。下面简单介绍 3 个量子数。

(1)主量子数 n n 可取值为 $1, 2, 3, 4, \cdots$。它是确定电子离核远近(平均距离)和能级的主要参数,n 越大,表示电子离核的平均距离越远,所处状态的能级越高。

（2）角量子数 l l 可取值为 $0,1,2,\cdots,(n-1)$，共 n 个数。l 的数值受 n 的数值限制，例如，当 $n=1$ 时，l 只可取 0；当 $n=2$ 时，l 可取 0 和 1；当 $n=3$，l 可分别取 $0,1,2$；等等。l 的数值基本上反映了波函数（习惯上称为原子轨道，简称轨道）的形状。$l=0,1,2,3$ 的轨道分别称为 s、p、d、f 轨道。

（3）磁量子数 m m 可取值为 $0,\pm1,\pm2,\pm3,\cdots,\pm l$，共 $(2l+1)$ 个数值，m 的数值受 l 值的限制，例如，当 $l=0,1,2,3$ 时，m 可依次取 $1,3,5,7$ 个数值。m 基本上反映波函数（轨道）的空间取向，每一个取向相当于一个轨道。

当 3 个量子数各自数值一定时，波函数的函数式也就随之而确定了。例如，当 $n=1$ 时，l 只可取 0，m 也只可取 0。n、l、m 3 个量子数组合形式只有一种，即 $(1,0,0)$。此时波函数的函数式也只有一种，即氢原子基态波函数；当 $n=2,3,4$ 时，n、l、m 3 个量子数的组合形式依次有 4,9,16 种，并可得到相应数目的波函数或原子轨道。

除上述确定轨道运动状态的 3 个量子数以外，量子力学中还引入了第 4 个量子数，习惯上称为自旋量子数 m_s。

氢原子轨道与 n、l、m、m_s 4 个量子数的关系见表 6.1。

表 6.1   氢原子轨道与 4 个量子数的关系

n	l	亚层符号	m	轨道数	m_s	电子最大容量
1	0	1s	0	1	$\pm1/2$	2
2	0	2s	0	1	$\pm1/2$	2
	1	2p	$0,\pm1$	3	$\pm1/2$	6
3	0	3s	0	1	$\pm1/2$	2
	1	3p	$0,\pm1$	3	$\pm1/2$	6
	2	3d	$0,\pm1,\pm2$	5	$\pm1/2$	10
4	0	4s	0	1	$\pm1/2$	2
	1	4p	$0,\pm1$	3	$\pm1/2$	6
	2	4d	$0,\pm1,\pm2$	5	$\pm1/2$	10
	3	4f	$0,\pm1,\pm2,\pm3$	7	$\pm1/2$	14

虽然从量子力学的观点来看，电子并不存在地球那样的经典的自旋概念，但通常可用向上和向下的箭头（"↑""↓"）来表示电子的两种自旋状态，m_s 取值 $\dfrac{1}{2}$ 和 $-\dfrac{1}{2}$。两个电子处于不同的自旋状态叫作自旋反平行，可用符号"↑↓"或"↓↑"表示；处于相同的自旋状态叫作自旋平行，可以用符号"↑↑"或"↓↓"表示。

综上所述，电子在核外运动可以用 4 个量子数来确定。

2.波函数（原子轨道）的角度

对于空间中某点的位置，除可用直角坐标 x、y、z 来描述外，还可用球坐标 r、θ、ϕ 来表示。代表原子中电子运动状态的波函数以球坐标 (r, θ, ϕ) 表示更为合理，同时也便于薛定谔方程的求解。

图 6.2 表明了直角坐标和球坐标的关系，它们的转换关系如下：

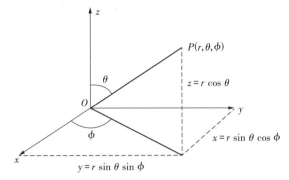

图 6.2　球坐标和直角坐标关系

$$x = r \sin \theta \cos \phi$$
$$y = r \sin \theta \sin \phi$$
$$z = r \cos \theta$$

经坐标系变换后，以直角坐标描述的波函数 $\psi(x, y, z)$ 可转化为以球坐标描述的波函数 $\psi(r, \theta, \phi)$（表 6.2）。在数学上又可将氢原子的 $\psi(r, \theta, \phi)$ 分解成两部分：

$$\psi(r, \theta, \phi) = R(r) \cdot Y(\theta, \phi) \tag{6.5}$$

式中，$R(r)$ 表示波函数的径向部分，它是变量 r 即电子离核距离的函数；$Y(\theta, \phi)$ 表示波函数的角度部分，它是两个角度变量 θ 和 ϕ 的函数。

表 6.2　氢原子的波函数（a_0 = 玻尔半径）

轨　道	$\psi(r, \theta, \phi)$	$R(r)$	$Y(\theta, \phi)$
1s	$\sqrt{\dfrac{1}{\pi a_0^3}}\, e^{-\frac{r}{a_0}}$	$2\sqrt{\dfrac{1}{a_0^3}}\, e^{-\frac{r}{a_0}}$	$\sqrt{\dfrac{1}{4\pi}}$
2s	$\dfrac{1}{4}\sqrt{\dfrac{1}{\pi a_0^3}}\left(2 - \dfrac{r}{a_0}\right) e^{-\frac{r}{2a_0}}$	$\sqrt{\dfrac{1}{8a_0^3}}\left(2 - \dfrac{r}{a_0}\right) e^{-\frac{r}{2a_0}}$	$\sqrt{\dfrac{1}{4\pi}}$
2p$_z$	$\dfrac{1}{4}\sqrt{\dfrac{1}{\pi a_0^3}}\left(\dfrac{r}{a_0}\right) e^{-\frac{r}{2a_0}} \cos \theta$	$\left.\rule{0pt}{4.5em}\right\}\ \sqrt{\dfrac{1}{24 a_0^3}}\left(\dfrac{r}{a_0}\right) e^{-\frac{r}{2a_0}}$	$\sqrt{\dfrac{3}{4\pi}}\cos \theta$
2p$_x$	$\dfrac{1}{4}\sqrt{\dfrac{1}{\pi a_0^3}}\left(\dfrac{r}{a_0}\right) e^{-\frac{r}{2a_0}} \sin \theta \cos \phi$		$\sqrt{\dfrac{3}{4\pi}}\sin \theta \cos \phi$
2p$_y$	$\dfrac{1}{4}\sqrt{\dfrac{1}{\pi a_0^3}}\left(\dfrac{r}{a_0}\right) e^{-\frac{r}{2a_0}} \sin \theta \sin \phi$		$\sqrt{\dfrac{3}{4\pi}}\sin \theta \sin \phi$

若将波函数的角度部分 $Y(\theta, \varphi)$ 随 θ、ϕ 变化而变化的规律以球坐标作图，可获得波函数或原子轨道的角度分布图，如图 6.3 所示。波函数角度分布主要取决于角量子数 l 和磁

量子数 m，而与主量子数 n 无关，s、p、d、f 状态的角度分布图各不相同（为方便起见只画出一个剖面）。由图 6.3 可见，s 态是一个与角度 (θ,ϕ) 无关的常数，所以它的角度分布图是一个半径为 $\sqrt{\dfrac{1}{4\pi}}$ 的球面。

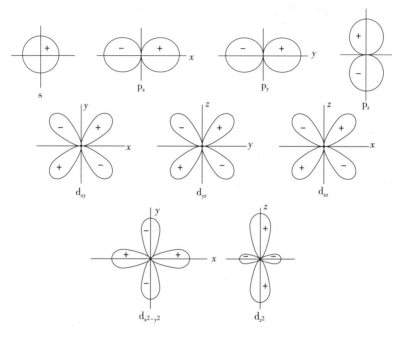

图 6.3　s、p、d 原子轨道角度分布示意图

p 态的 p_x、p_y、p_z 都是 8 字形双球面，如 p_z 轨道波函数的角度部分为 $Y_{p_z} = \sqrt{\dfrac{3}{4\pi}}\cos\theta$，$Y_{p_z}$ 的值随 θ 的大小而改变，若以球坐标按 Y_{p_z}-θ 作图，可得一个相切于原点的 8 字形双球面，即为 p_z 轨道的角度分布图。

5 个 d 态中，d_{xy}、d_{yz}、d_{xz}、$d_{x^2-y^2}$ 是叶瓣形曲面，前三个曲面分别位于对应的两个主轴之间 45° 夹角方向上，而 $d_{x^2-y^2}$ 的曲面落在主轴上；d_{z^2} 态有两个叶瓣是在 z 轴方向。可以看出，除了 d_{z^2} 轨道外，其余四种轨道角度分布形状是相同的，只是方向不同。图中标出的"+""–"代表角度分布函数 Y 在不同区域内数值的正负号。可以看出，波函数角度分布图主要表示原子轨道的极大值方向和正负号，它在化学键方面有重要作用。

6.1.3　电子云

1.电子云与概率密度

波函数 (ψ) 本身虽不能与任何可以观察的物理量相联系，但波函数平方 (ψ^2) 可以反映电子在空间某位置上单位体积内出现的概率。根据式 6.5,波函数平方 ψ^2 是其径向部分 R^2 和角度部分 Y^2 的乘积,ψ^2 的大小可以形象地用很多小黑点在空间分布的稀密程度来表示,这就是电子云空间分布图,简称电子云图。

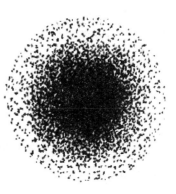

图 6.4　氢原子 1s 电子云

氢原子基态电子云呈球形(图 6.4)。应当注意,对于氢原子来说,只有一个电子,图中黑点的数目并不代表电子的数目,而只代表一个电子在某一瞬间出现的那些可能的位置。

当氢原子处于激发态时,也可以按上述规则画出各种电子云的图形(如 2s、2p、3s、3p、3d),但要复杂得多。为了使问题简化,可以分别从两个不同的侧面来反映电子云,即画出电子云的径向分布图(R^2)和角度分布图(Y^2)。

2.电子云角度分布图

电子云的角度分布图是波函数角度部分的平方(Y^2)随 θ、ϕ 变化而变化的图形(图 6.5),其画法与波函数角度分布图相似。这种图形反映了电子出现在核外各个方向上概率密度的分布规律。其特征如下:

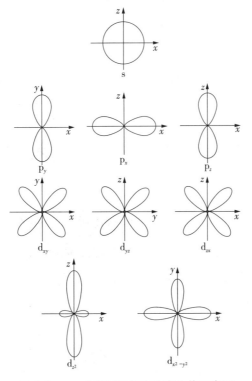

图 6.5　s、p、d 电子云角度分布立体示意图

（1）从外形上看,s、p、d 电子云角度分布图的形状与波函数角度分布图相似,但 p、d 电子云角度分布图稍"瘦"些。

（2）波函数角度分布图中有正、负之分,而电子云角度分布图则无正负号。

电子云角度分布图和波函数角度分布图都只与 l、m 两个量子数有关,而与主量子数 n 无关。

电子云角度分布图只能反映电子在空间不同角度所出现的概率密度,而并不能反映电子出现概率和离核远近的关系,反映后一关系的图形是电子云的径向分布图。

3.电子云径向分布图

电子云径向分布图通常是反映在半径为 r（即电子离核的距离）、厚度为 dr 的球壳中,电子出现的概率（$4\pi r^2 R^2 dr$ 或 $r^2 R^2 dr$）。$4\pi r^2 R^2$ 或 $r^2 R^2$ 的数值越大表示电子在该球壳中出现的概率也越大,但这种图形只能反映电子出现概率的大小与离核远近的关系,不能反映概率与角度的关系。

从电子云的径向分布图（图 6.6）可以看出,当主量子数增大时（如从 1s 或 2s 到 3s 轨道）,电子离核的平均距离越来越远。当主量子数相同而角量子数增大时（如 3s、3p、3d 3 个轨道）,电子离核的平均距离则较为接近。所以习惯上将 n 相同的轨道合称为一电子层,在同一电子层中将 l 相同的轨道合称为一电子亚层。

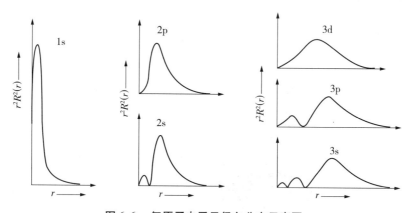

图 6.6　氢原子电子云径向分布示意图

顺便指出,上述电子云的角度分布图和径向分布图都只是反映电子云的两个侧面。例如,氢原子的 1s、2p、3d 电子云的完整形状如图 6.7 所示。

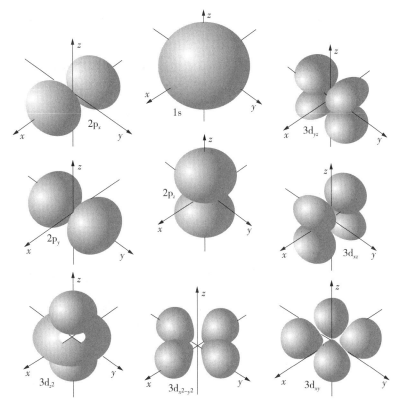

图 6.7 氢原子的 1s、2p、3d 电子云示意图

6.2 多电子原子结构及周期律

在已发现的 118 种元素中,除氢原子以外的原子都属于多电子原子。在多电子原子中,某一指定电子不仅受到原子核的吸引,而且还受到其他电子的排斥作用,该电子的波函数只能通过薛定谔方程求得近似解,作用于电子上的核电荷数以及原子轨道的能级也远比氢原子中的复杂。

6.2.1 多电子原子轨道的能级

氢原子轨道的能量只取决于主量子数 n,在多电子原子中,轨道能量则受到主量子数 n 和角量子数 l 两个因素的影响。根据光谱实验结果,可归纳出以下 3 条规律。

(1)当角量子数 l 相同时,随着主量子数 n 的增大,轨道能量升高。例如,$E_{1s} < E_{2s} < E_{3s}$ 等。

(2)当主量子数 n 相同时,随着角量子数 l 的增大,轨道能量升高。例如,$E_{2s} < E_{2p} < E_{2d} < E_{2f}$。

（3）当主量子数和角量子数都不同时,有时出现能级交错现象。例如,在某些元素中,$E_{4s} < E_{3d}$,$E_{5s} < E_{4d}$ 等。

鲍林(L.Pauling)总结出多电子原子轨道能级高低的一般顺序,由此得到了电子填入能级的先后顺序,如图 6.8 所示。

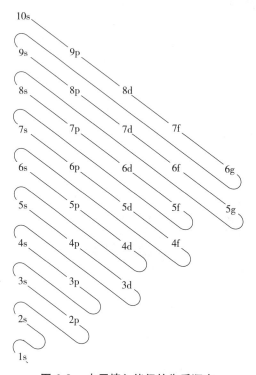

图 6.8　电子填入能级的先后顺序

6.2.2　核外电子分布和周期律

1.核外电子分布的 3 个原理

根据光谱数据和量子力学理论,各元素原子中电子的分布规律基本上遵循 3 个原理,即泡利不相容原理、能量最低原理以及洪特规则。

泡利不相容原理指的是一个原子中不可能有 4 个量子数完全相同的两个电子,或者说,同一原子轨道仅可容纳两个自旋相反的电子。通过该原理可计算出每一个电子层中可容纳的最高电子数为 $2n^2$。

能量最低原理则表明核外电子分布将尽可能优先占据能级较低的轨道,也就是按照如图 6.8 所示的顺序填充,以使系统能量处于最低。它解决了 n 或 l 不同的轨道中电子的分布规律。

洪特规则说明,处于主量子数和角量子数都相同（能量相等）的轨道中的电子总是尽可能以自旋相同的方式分别占据不同轨道。例如碳原子的外层电子$2s^22p^2$，两个 p 电子应该分别占据不同轨道且自旋平行，如图所示：

$$\text{1s} \qquad \text{2s} \qquad \text{2p}$$

C　　$\boxed{\uparrow\downarrow}$　　　$\boxed{\uparrow\downarrow}$　　$\boxed{\uparrow\,|\,\uparrow\,|\,}$

根据洪特规则，当轨道被电子半充满（p^3、d^5、f^7）、全充满（p^6、d^{10}、f^{14}）或者全空时最稳定。它是对能量最低原理的补充，解决了 n、l 相同的轨道中，电子的分布规律。

按上述 3 个基本原理和近似能级顺序，可以写出大多数原子的电子分布式。例如，钛（Ti）原子有 22 个电子，按上述 3 个原理和近似能级顺序，电子的分布情况应为

$$1s^22s^22p^63s^23p^64s^23d^2$$

但在书写时，要将 3d 轨道放在 4s 轨道前面，与同层的 3s、3p 轨道一起，例如钛原子的电子分布式应为

$$1s^22s^22p^63s^23p^63d^24s^2$$

又如，锰原子中有 25 个电子，其电子分布式应为

$$1s^22s^22p^63s^23p^63d^54s^2$$

由于必须服从洪特规则，所以 3d 轨道上的 5 个电子应分别分布在 5 个 3d 轨道上，而且自旋平行。此外，铬、铜、银和金等原子的 $(n-1)$d 轨道上的电子都处于半充满或全充满状态，通常是比较稳定的。

由于化学反应中通常只涉及外层电子的改变，所以一般不必写完整的电子分布式，只需写出外层电子分布式即可。外层电子分布式又称为外层电子构型，对主族元素而言即为最外层电子分布的形式。例如，氯原子的外层电子分布式为$3s^23p^5$。对于副族元素则是指最外层 s 电子和次外层 d 电子的分布形式。例如，上述钛原子和锰原子的外层电子分布式分别为$3d^24s^2$和$3d^54s^2$。对于镧系和锕系元素一般除指最外层电子以外还需考虑处于外数（自最外层向内计数）第三层的电子。

2.核外电子分布和周期律

原子核外电子分布的周期性是元素周期律的基础。而元素周期表是周期律的表现形式。周期表有多种形式，现在常用的是长式周期表（见本书后的元素周期表）。

元素在周期表中所处的周期数等于该元素原子核外电子层数。对元素在周期表中所处族序数来说，主族元素以及第 Ⅰ B、第 Ⅱ B 族元素所在的族序数等于最外层电子数；第 Ⅲ B 至第 Ⅶ B 族元素所在的族序数等于最外层电子数与次外层电子数之和。第 Ⅷ 族元素包括 3 个纵行，最外层电子数与次外层电子数之和为 8～10。零族元素最外层电子数为 8 或 2。

根据原子的外层电子构型可将周期表分成 5 个区，即 s 区、p 区、d 区、ds 区和 f 区。表

6.3 反映了原子外层电子构型与周期表的关系。

表 6.3 原子外层电子构型与周期系分区

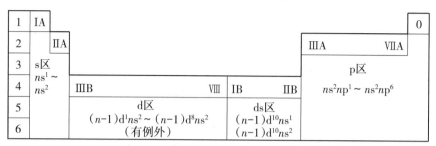

从表 6.4 可以看出，原子的外层电子构型呈现明显的周期性变化，因此元素的性质也表现出周期性的变化。现举例说明如下：

（1）元素的氧化值　　同周期主族元素从左至右最高氧化值逐渐升高，并等于所属族的外层电子数或族数。副族元素的原子中，除最外层 s 电子外，次外层的 d 电子也可能参加反应。因此，d 区副族元素的最高氧化值一般等于最外层的 s 电子和次外层 d 电子之和（但不大于 8）。第ⅢB 至第ⅦB 族元素与主族相似，同周期从左至右最高氧化值也逐渐升高，并等于所属族的族数。ds 区的第ⅡB 族元素的最高氧化值为 + 2，即等于最外层的 s 电子数。而第ⅠB 族中 Cu、Ag、Au 的最高氧化值分别为 + 2、+ 1、+ 3。除钌（Ru）和锇（Os）外，第Ⅷ族中其他元素未发现有氧化值为 + 8 的化合物。此外，副族元素大都有可变氧化值。表 6.4 中列出了第四周期副族元素的主要氧化值。

表 6.4　第四周期副族元素的主要氧化值

族	ⅢB	ⅣB	ⅤB	ⅥB	ⅦB	Ⅷ			ⅠB	ⅡB
元素	Sc	Ti	V	Cr	Mn	Fe	Co	Ni	Cu	Zn
氧化值									+ 1	
				+ 2	+ 2	+ 2	+ 2	+ 2	+ 2	+ 2
	+ 3	+ 3	+ 3	+ 3		+ 3	+ 3	+ 3		
		+ 4	+ 4		+ 4					
			+ 5							
				+ 6	+ 6					
					+ 7					

（2）元素的电负性　金属元素易失去电子变成正离子,而非金属元素易得到电子变成负离子。因此常用金属性表示在化学反应中原子失去电子的能力,用非金属性表示在化学反应中原子得电子的能力。为了衡量分子中各原子吸引成键电子的能力,鲍林在化学中引入了电负性的概念,电负性数值越大,表明原子在分子中吸引电子的能力越强;电负性数值越小,表明原子在分子中吸引电子的能力越弱。一般金属元素(除铂系,即钌、铑、钯、锇、铱、铂以及金外)的电负性数值小于2.0,而非金属元素(除Si外)则大于2.0。鲍林从热化学数据得到的电负性数值列于表6.5中。

表6.5　元素的电负性数值

H 2.1																	He
Li 1.0	Be 1.6											B 2.0	C 2.5	N 3.0	O 3.5	F 4.0	Ne
Na 0.9	Mg 1.2											Al 1.5	Si 1.8	P 2.1	S 2.5	Cl 3.0	Ar
K 0.8	Ca 1.0	Sc 1.3	Ti 1.5	V 1.6	Cr 1.6	Mn 1.5	Fe 1.8	Co 1.9	Ni 1.9	Cu 1.9	Zn 1.6	Ga 1.6	Ge 1.8	As 2.0	Se 2.4	Br 2.8	Kr
Rb 0.8	Sr 1.0	Y 1.2	Zr 1.4	Nb 1.6	Mo 1.8	Tc 1.9	Ru 2.2	Rh 2.2	Pd 2.2	Ag 1.9	Cd 1.7	In 1.7	Sn 1.8	Sb 1.9	Te 2.1	I 2.5	Xe
Cs 0.7	Ba 0.9	La 1.0	Hf 1.3	Ta 1.5	W 1.7	Re 1.9	Os 2.2	Ir 2.2	Pt 2.2	Au 2.4	Hg 1.9	Tl 1.8	Pb 1.9	Bi 1.9	Po 2.0	At 2.1	Rn

从表6.5中可以看出,主族元素的电负性数值具有较明显的周期性,而副族元素的电负性数值则较接近,变化规律不明显。

6.3　化学键和分子间的相互作用力

6.3.1　化学键

除稀有气体外,物质通常是通过两个或两个以上原子相互化合成分子或晶体而形成的。分子或晶体中的原子不是简单地堆砌在一起的,它们彼此间存在强烈的相互作用力。化学上将这种分子或晶体中原子(或离子)之间强烈的作用力称为化学键。化学键主要有金属键、离子键和共价键3类。

1.金属键

金属晶体中的电子称为自由电子,它不属于某一金属原子,而是在整个金属晶体中自

由运动,正离子则"淹没"在这些电子中。金属中自由电子与正离子间的作用力将金属原子组合在一起成为金属晶体,这种作用力就被称为金属键,它是存在于金属晶体内部的化学键。

2.离子键

当电负性数值较小的活泼金属(如第ⅠA族的K、Na等)和电负性数值较大的活泼非金属(如第ⅦA族的F、Cl等)元素的原子相互靠近时,前者易失去外层电子形成正离子,后者易获得电子形成负离子,正负离子因静电引力结合在一起形成了离子化合物。这种由正负离子之间的静电引力形成的化学键叫作离子键。

离子键的特点:①离子键是强极性键,成键原子的元素电负性相差越大,离子键的极性也就越大。②由于离子键的本质是静电引力,带电离子的电荷分布是均匀分布,在任何方向吸引相反电荷离子的能力都相同,因此离子键无方向性。③在空间条件许可的情况下,每个离子会尽可能多地吸引相反电荷离子,因此离子键无饱和性。

离子键的强度一般用晶格能来衡量,晶格能的意义是气态正离子和负离子结合成1 mol离子晶体时释放的能量或1 mol离子晶体分解成气态离子时吸收的能量,它和离子的电荷、构型、半径有密切关系。

能形成典型离子键的正、负离子的外层电子构型一般都是8电子的,称为8电子构型。例如,在离子化合物NaCl中,Na^+和Cl^-的外层电子构型分别是$2s^2 2p^6$和$3s^2 3p^6$。

对于正离子来说,除了8电子构型外,还有其他类型的外层电子构型,主要为:

(1) 9 ~ 17 电子构型,如$Fe^{3+}(3s^2 3p^6 3d^5)$、$Cu^{2+}(3s^2 3p^6 3d^9)$;

(2) 18 电子构型,如$Cu^+(3s^2 3p^6 3d^{10})$、$Zn^{2+}(3s^2 3p^6 3d^{10})$;

(3) 2 电子构型,如$Li^+(1s^2)$、$Be^{2+}(1s^2)$。

3.共价键

1916 年,路易斯(Lewis)提出分子中原子间可以共用电子对而获得稳定结构的理论,原子间通过共用电子对而形成的化学键称为共价键。同种非金属元素或电负性数值相差不大的不同种元素(一般均为非金属,有时也有金属与非金属),一般以共价键结合形成共价型单质或共价型化合物。

运用量子力学建立的价键理论和分子轨道理论可以说明共价键的形成和本质。

(1) 价键理论。

首先以氢分子为基础说明共价键的形成。1927 年 W.H.海特勒和 F.W.伦敦运用量子力学原理处理氢分子中电子对的结果认为:当两个氢原子相互靠近,且它们的1s电子处于自旋反平行状态时,两电子才能配对成键;当两个氢原子的1s电子处于自旋平行状态时,两电子则不能配对成键。

当两个氢原子相互靠近,且它们的 1s 电子自旋方向相反时,电子不再固定于 1 个氢原子的 1s 轨道中,也可以出现于另 1 个氢原子的 1s 轨道中。这样,相互配对的电子就为两个原子轨道所共用。同时两个原子轨道由于相互靠近而发生重叠,使两核间电子出现的概率密度增大,从而增加了两核对电子的吸引,导致系统能量降低而形成了稳定分子。相反,当两个氢原子相互靠近,而两个 1s 电子处于自旋平行状态时,则两个原子轨道不能重叠。此时两核间的电子出现的概率密度相对减小,好像在自旋平行的电子之间产生了一种排斥作用,使系统的能量相对升高,因而这两个氢原子不能成键。在两个相互重叠的原子轨道中不可能出现两个自旋平行的电子,与每一个原子轨道中不可能出现两个自旋平行的电子一样,符合之前提到的泡利不相容原理。

将海特勒 - 伦敦对氢分子研究的结果定性地推广到其他分子,从而发展为价键理论,又称为电子配对理论(VB 理论)。该理论认为,共价键的本质是原子相互接近时原子轨道重叠,原子间共用自旋方向相反的电子对使体系能量降低成键。共价键的主要特点如下:

①饱和性。原子所能形成的共价键数目受未成对电子数的限制,每个原子所能提供的未成对电子数是一定的,即原子中的 1 个未成对电子只有以自旋方向相反的形式与另一原子中的 1 个未成对电子相遇时,才有可能配对成键,所以共价键具有饱和性。例如,H—H、Cl—Cl、H—Cl 等分子中 2 个原子各有 1 个未成对电子,可以相互配对,形成 1 个共价(单)键;又如,NH_3 分子中的 1 个氮原子有 3 个未成对电子,可以分别与 3 个氢原子的未成对电子相互配对,形成 3 个共价键。电子已完全配对的原子不能再继续成键。因此在分子中,某原子所能提供的未成对电子数一般就是该原子所能形成的共价键的数目,称为共价数。

②方向性。首先要了解价键理论规定的原子轨道的成键原则:a.原子轨道相互重叠时,必须考虑波函数的正、负号,只有同号轨道才能实行有效的重叠,这称为对称性匹配原则。b.只有能量相近的原子轨道才能重叠组合成有效的分子轨道,这是能量近似原则。c.原子轨道重叠时,总是沿着重叠最多(电子出现概率最大)的方向进行,重叠部分越多,体系能量越低,共价键越牢固,这是原子轨道的最大重叠原则。要满足以上 3 个原则,除 s 轨道外,p、d、f 等轨道的最大值(电子出现概率最大)都有一定的空间取向,所以共价键具有方向性。例如,HCl 分子中氢原子的 1s 轨道与氯原子的 $3p_x$ 轨道有 4 种可能的重叠方式(图 6.9),其中(a)为异号重叠,(d)由于同号和异号两部分相互抵消而为零的重叠,所以(a)、(d)都不能有效重叠而成键。只有(b)、(c)为同号重叠,但当两核距离为一定时,(c)的重叠比(b)的要多。可以看出,氯化氢分子采用(c)的重叠方式成键可使 s 和 p_x 轨道的有效重叠最大化。

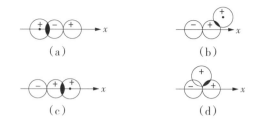

图 6.9　s 和 p_x 轨道的重叠方式示意图

根据上述原子轨道重叠原则,s 轨道和 p 轨道有两类不同的重叠方式,即可形成两类重叠方式不同的共价键。一类称为 σ 键,另一类称为 π 键,如图 6.10 所示。

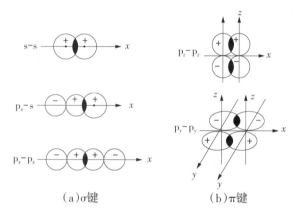

图 6.10　σ 键和 π 键重叠方式示意图

σ 键的特点是原子轨道沿两原子核连线方向以"头碰头"的方式进行重叠,重叠部分发生在两原子核的连线上。π 键的特点是原子轨道以"肩并肩"的方式进行重叠,重叠部分不发生在两核的连线上。共价单键一般是 σ 键,在共价双键和三键中,除 σ 键外,还有 π 键。例如,N_2 分子中的 N 原子有 3 个未成对的 p 电子(p_x,p_y,p_z),2 个 N 原子间除形成 p_x—p_x 的 σ 键以外,还能形成 p_y—p_y 和 p_z—p_z 2 个相互垂直的 π 键,如图 6.11 所示。

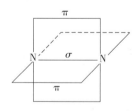

图 6.11　N_2 分子成键示意图

一般说来,π 键没有 σ 键牢固,比较容易断裂。因为 π 键重叠程度小于 σ 键,原子核对 π 电子的束缚力较小,电子运动的自由性较大。因此,含双键或三键的化合物(例如不饱和烃)一般容易参加反应。但在某些分子(如 N_2)中也有可能出现强度很大的 π 键,使 N_2 分子的性质不活泼。

（2）分子轨道理论。

分子轨道理论是 1932 年由马利肯（Mulliken）和洪德（Hund）等人提出的一种共价键理论，它把分子当作一个整体来处理，强调分子的整体性。当原子形成分子后，电子不再局限于个别原子的原子轨道，而是在整个分子的分子轨道内运动。

分子轨道可以近似地通过原子轨道适当组合而得到，一个分子中分子轨道的数目等于组成分子的各原子的原子轨道数目之和。以双原子分子为例，两个原子轨道可以组成两个分子轨道。当两个原子轨道以相加的形式组合时，可以得到成键分子轨道；当两个原子轨道以相减的形式组合时，可以得到反键分子轨道（不符合对称性匹配原则）。若与原来两个原子轨道相比较，成键分子轨道中两核间电子云密度增大，电子同时受两核吸引，能量降低；反键分子轨道中两核间电子云密度减小，电子在两核左右两侧出现概率较大，两核吸引电子能力减弱，能量升高。例如，氢分子中，2 个氢原子的 1s 轨道经组合后形成两个能量高低不同的分子轨道，一个是成键分子轨道，另一个是反键分子轨道，如图 6.12 所示。

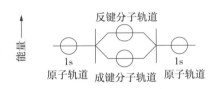

图 6.12　氢分子的分子轨道能量示意图

分子轨道理论同样规定原子轨道组合成分子轨道必须满足三原则，即对称性匹配原则、能量近似原则和最大重叠原则。分子轨道中电子的分布也与原子中电子的分布一样，服从泡利不相容原理、能量最低原理和洪特规则。根据以上规则，氢分子中两个电子应该以自旋相反的方式填入 1s 成键电子轨道。

6.3.2　分子的极性和分子的空间构型

1.分子的极性和电偶极矩

同种元素的原子形成的共价键称为非极性共价键，不同种元素的原子由于电负性有差别，形成的共价键称为极性共价键，原子电负性相差越大，共价键极性就越强。在分子中，由于原子核所带正电荷的电量和电子所带负电荷的电量相等，所以分子总体是呈电中性的。从分子内部这两种电荷的分布情况来看，同样可把分子分成极性分子和非极性分子两类。

设想在分子中正负电荷都有一个"电荷中心"。正负电荷中心重合的分子称为非极性分子，正负电荷中心不重合的分子称为极性分子。分子的极性可以用电偶极矩来衡量，

若分子中正负电荷中心所带的电量为 q,距离为 d,则两者的乘积就称为电偶极矩,以符号 μ 表示,单位为 C·m(库·米):

$$\mu = q \cdot d$$

表 6.6 列出了常见物质的分子的电偶极矩和分子的空间构型。

表 6.6　常见物质的分子的电偶极矩和空间构型

分　　子		电偶极矩 μ/ $(10^{-30}$ C·m)	空间构型
双原子分子	HF	6.07	直线形
	HCl	3.60	直线形
	HBr	2.74	直线形
	HI	1.47	直线形
	CO	0.37	直线形
	N_2	0	直线形
	H_2	0	直线形
三原子分子	HCN	9.94	直线形
	H_2O	6.17	V 字形
	SO_3	5.44	V 字形
	H_2S	3.24	V 字形
	CS_2	0	直线形
	CO_2	0	直线形
四原子分子	NF_3	4.90	三角锥形
	BF_3	0	平面三角形
五原子分子	$CHCl_3$	3.37	四面体形
	CF_4	0	正四面体形
	CCl_4	0	正四面体形

分子电偶极矩可用于判断分子极性的大小,电偶极矩越大表示分子的极性越大,μ 为零的分子即为非极性分子。对双原子分子来说,分子的极性和键的极性是一致的。例如,

H_2、N_2 等分子由非极性共价键组成的,整个分子的正负电荷中心是重合的,μ 为零,所以是非极性分子。又如,卤化氢分子由极性共价键组成,整个分子的正负电荷中心是不重合的且 μ 不为零,所以是极性分子。在卤化氢分子中,从 HF 到 HI,由于氢原子与卤素原子之间的电负性差值依次减小,共价键的极性也逐渐减弱,而从表 6.7 也可以看出,分子的极性也是逐渐减弱的。在多原子分子中,分子的极性和键的极性往往不一致。例如,水分子和甲烷分子中的键(O—H 和 C—H 键) 都是极性键,但从 μ 的值来看,水分子是极性分子,甲烷是非极性分子 —— 这与分子的空间构型有关。

2.分子的空间构型和杂化轨道理论

共价型分子中各原子在空间排列构成的几何形状称为分子的空间构型。例如,CH_4 分子为正四面体形,H_2O 分子为 V 字形,NH_3 分子为三角锥形等(表 6.7)。为了从理论上予以说明,鲍林(Pauling) 等人以价键理论为基础,提出了杂化轨道理论,该理论成功地解释了价键理论无法说明的多原子分子空间构型等问题。

现以 $BeCl_2$ 分子为例说明分子的空间构型与杂化轨道的关系。$BeCl_2$ 分子的中心原子 Be 最外层电子排布式为 $2s^2$,且不包含未成对电子。根据价键理论,不具有未成对电子的铍原子不可能与两个氯原子形成共价键,但实验事实表明,1 个铍原子与 2 个氯原子以 2 个完全相同的共价键结合成直线形的 $BeCl_2$ 分子,因此对于上述 $BeCl_2$ 分子的结构,用价键理论是难以说明的。

而杂化轨道理论认为,在 $BeCl_2$ 分子中铍原子参与成键的轨道已不是原来的 2s 轨道和 2p 轨道,在整个杂化和成键过程中,铍原子的 2s 孤对电子中的 1 个电子被激发至 2p 轨道,从而形成 2 个未成对电子,一个 2s 轨道和一个 2p 轨道重新杂化形成 2 个成一直线的新的轨道(图 6.13)。成键时,中心原子中能级相近的轨道"打乱混合"重新组成新轨道的过程称为轨道杂化,所形成的新轨道称为杂化轨道。由 1 个 s 轨道和 1 个 p 轨道"混合"组成的杂化轨道称为 sp 杂化轨道。每个 sp 杂化轨道含有 1/2s 轨道和 1/2p 轨道,2 个 sp 轨道性质完全相同,夹角为 180°。铍原子以 2 个 sp 杂化轨道分别和 2 个氯原子的 3p 轨道重叠,组成 2 个 sp—p 的 σ 键,形成直线形 $BeCl_2$ 分子。

常见的轨道杂化类型除了 sp 杂化之外,还有 sp^2 杂化、sp^3 杂化和 sp^3d 杂化等。现分别举例说明。

(1)sp^2 杂化(图 6.14):BF_3 分子是平面三角形结构的分子,中心硼原子 B 最外层电子排布式为 $2s^2 2p^1$,在成键过程中,有 1 个 2s 电子被激发至 2p 轨道,形成了 3 个未成对电子,同时 B 原子的 1 个 s 轨道与 2 个 p 轨道进行杂化,形成 3 个完全相同的 sp^2 杂化轨道,并对称地分布在 B 原子周围,互成 120°。每 1 个 sp^2 杂化轨道含有 1/3s 轨道和 2/3 p 轨道。硼原子以 3 个 sp^2 杂化轨道与 3 个 F 原子的 2p 轨道重叠形成平面三角形的 BF_3 分子。

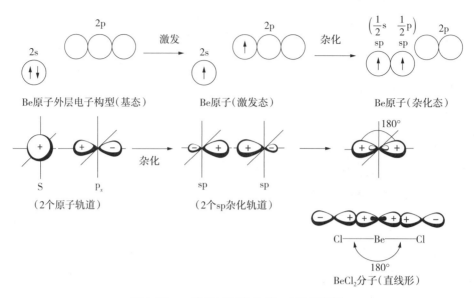

图 6.13　sp 杂化过程和 BeCl$_2$ 成键示意图

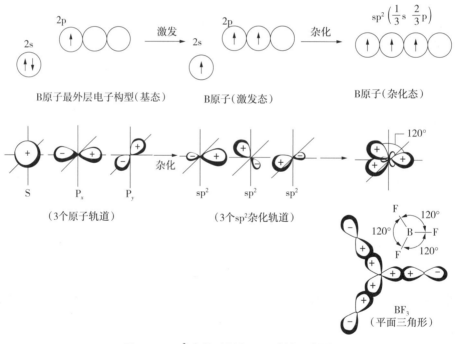

图 6.14　sp^2 杂化过程和 BF$_3$ 成键示意图

（2）sp^3 杂化（图 6.15）：CH$_4$ 分子是正四面体形结构的分子。中心原子 C 最外层电子分布式为 $2s^2 2p^2$。在成键过程中，1 个 2s 电子被激发至 2p 轨道，形成 4 个未成对电子，同时 C 原子的 1 个 2s 轨道与 3 个 2p 轨道杂化，形成 4 个相同的 sp^3 杂化轨道，对称地分布在 C 原子周围，互成 109°28′。每 1 个 sp^3 杂化轨道含有 1/4s 轨道和 3/4p 轨道。碳原子以 4 个 sp^3 杂化轨道与 4 个氢原子的 1s 轨道重叠形成正四面体形的 CH$_4$。

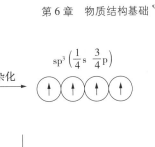

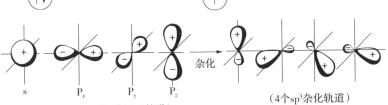

（C原子的4个原子轨道）　　　　　　　　　（4个sp³杂化轨道）

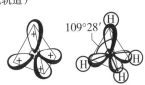

CH₄分子（正四面体形）

图 6.15　sp³ 杂化过程和 CH₄ 成键示意图

（3）sp³d 杂化（图 6.16）：PCl_5 分子中磷原子最外层电子排布式为 $3s^2 3p^3$。在成键过程中，1 个 3s 电子被激发至 3d 轨道，产生 5 个未成对电子，同时 P 原子的 1 个 3s 轨道、3 个 3p 轨道和 1 个 3d 杂化，形成 5 个相同的 sp³d 杂化轨道，其中 3 个杂化轨道在同一平面互成 120°，另外两个杂化轨道垂直于这个平面。磷原子以 5 个 sp³d 杂化轨道与 5 个氯原子的 3p 轨道重叠形成双三角锥形的 PCl_5。

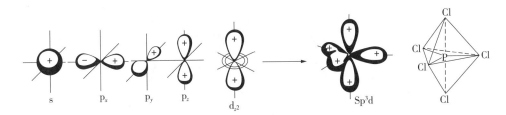

图 6.16　sp³d 杂化分子构型示意图

上述 sp、sp²、sp³ 和 sp³d 杂化中，中心原子分别为第 ⅡA 族和第 ⅢA 族、第 ⅣA 族元素，所形成杂化轨道的夹角（分别为 180°，120°，109°28′）随杂化轨道包含的 s 轨道成分的减少和 p 轨道成分的增多而减小。同时在同一类杂化中形成的杂化轨道的性质完全相同，所以这类杂化称为等性杂化。然而，对于第 ⅤA 族和第 ⅥA 族元素，在与其他原子成键时又是如何构成分子的呢？现以 NH_3 分子和 H_2O 分子为例进一步说明。

N 原子的最外层电子分布式为 $2s^2 2p^3$，有 3 个未成对的 p 电子。若 3 个相互垂直的 p 轨道各与 1 个 H 原子的 1s 轨道重叠，则 NH_3 分子中的键角应为 90°，但实验测得键角为 107°。O 原子最外层电子分布式为 $2s^2 2p^4$，有 2 个未成对的 p 电子。若 2 个相互垂直的 p 轨道各与 1 个 H 原子的 1s 轨道重叠,则 H_2O 分子中的键角也应为 90°,但实验测得键角为 104°40′。

杂化轨道理论认为,NH_3 分子中的 N 原子和 H_2O 分子中的 O 原子在成键过程中都形成了 4 个 sp^3 杂化轨道。NH_3 分子中有 1 个 sp^3 杂化轨道由未参与成键的孤对电子分布;H_2O 分子中有 2 个 sp^3 杂化轨道分别由孤对电子分布,这样 4 个杂化轨道所含的成分就不完全一样,这种由于孤对电子的存在,使各个杂化轨道中所含的成分不同的杂化称为不等性杂化。之前提到的 sp^3 杂化,例如 CH_4 分子是正四面体构型,杂化轨道间夹角均为 109°28′,NH_3 和 H_2O 分子的空间构型和它有何区别呢?

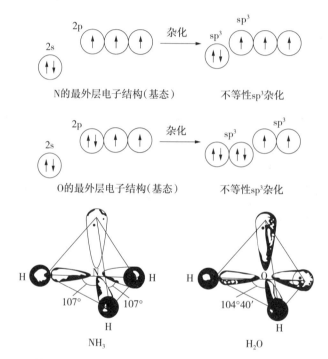

图 6.17　NH_3 分子和 H_2O 分子的不等性杂化示意图

在不等性杂化中,孤对电子分布的杂化轨道不参与成键,称为非键轨道。由于孤对电子对成键电子对有排斥作用,这使得 NH_3 分子和 H_2O 分子中成键轨道间夹角小于等性 sp^3 杂化轨道的 109°28′,分别为 107° 和 104°40′,H_2O 分子中因为有两对孤对电子,对成键电子对排斥作用更强,所以其成键轨道间的夹角比 NH_3 分子中的更小。和 CH_4 分子比较,甲烷分子属于 sp^3 等性杂化。空间构型完全对称,而 NH_3 分子和 H_2O 分子的空间构型为不完全对称,因此 CH_4 为非极性分子,而 NH_3 分子和 H_2O 分子为极性分子。

上述由 s 轨道和 p 轨道所形成的杂化轨道和分子的空间构型可归纳在表 6.7 中。

表 6.7　一些杂化轨道的类型与分子的空间构型

杂化轨道类型	sp	sp^2	sp^3	sp^3(不等性)	
参加杂化的轨道	1个s、1个p	1个s、2个p	1个s、3个p	1个s、3个p	
杂化轨道数	2	3	4	4	
成键轨道夹角	180°	120°	109°28′	90° < θ < 109°28′	
空间构型	直线形	平面三角形	(正)四面体形	三角锥形	V字形
实例	$BeCl_2$,$HgCl_2$	BF_3,BCl_3	CH_4,$SiCl_4$	NH_3,PH_3	H_2O,H_2S
中心原子	Be(ⅡA),Hg(ⅡB)	B(ⅢA)	C,Si(ⅣA)	N,P(ⅤA)	O,S(ⅥA)

6.3.3　分子间的相互作用力

前面学习的离子键、共价键等都是原子间的相互作用力,而在分子间还存在一种比化学键弱得多的作用力,依靠这种作用力气体分子才能凝聚为相应的液体或固体。分子间的作用力一般称为范德华力。

1.范德华力

范德华力包括取向力、诱导力和色散力三部分。

极性分子是一种偶极子,含有固有偶极,具有正负两极。当极性分子相互靠近时,同极相斥,异极相吸,极性分子在空间产生取向使化合物达到稳定状态[图 6.18(a)]。这种固有偶极之间的静电引力就称为取向力。

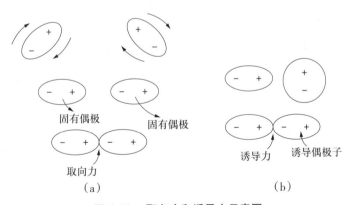

（a）　　　　　　　　　　（b）

图 6.18　取向力和诱导力示意图

当极性分子和非极性分子接近时,本不存在偶极的非极性分子在极性分子固有偶极的电场影响下产生了诱导偶极(正负电荷中心不再重合),固有偶极和诱导偶极之间的作用力称为诱导力。除了极性分子与非极性分子,当极性分子相互接近时,在相邻分子的固

有偶极作用下,每个分子的正、负电荷中心更加分开,同样产生诱导偶极[见图 6.18(b)],这使得极性分子偶极矩增大,极性增加。

当非极性分子相互靠近时,由于电子的不断运动和原子核的不断振动,在某一瞬间会发生相对位移以至于正负电荷中心分离,这时产生的偶极叫作瞬间偶极,而瞬间偶极又会诱导相邻的非极性分子产生瞬间诱导偶极。瞬间诱导偶极之间产生的分子间的作用力称为色散力(见图 6.19)。

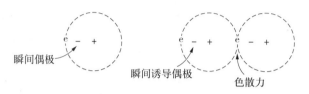

瞬间偶极　　　　　瞬间诱导偶极　　　色散力

图 6.19　非极性分子间色散力示意图

总之,在非极性分子与非极性分子之间只存在着色散力;在极性分子和非极性分子之间有诱导力和色散力;极性分子之间存在着色散力、诱导力和取向力。取向力、诱导力和色散力的总和通常称为分子间作用力,本质是一种静电引力,其中色散力在各种分子之间都有,在大多数分子间也是最主要的;只有当分子的极性很大时才以取向力为主。

2.氢键

除范德华力之外,还有一种存在于分子之间或分子内的特殊作用力,即氢键,它强于范德华力而弱于化学键。氢键是指氢原子与电负性较大的 X 原子(如 F、O、N 原子)以极性共价键相结合时,氢原子的电子云发生强烈偏移,它几乎变成一个赤裸的质子,从而吸引另一个电负性较大,而半径又较小的 Y 原子(X 原子也可与 Y 原子相同,也可不同)的孤对电子所形成的分子间或分子内的键。可简单示意为

$$X-H\cdots Y$$

能形成氢键的物质相当广泛,如 HF、H_2O、NH_3、无机含氧酸和有机羧酸、醇、胺、蛋白质以及某些合成高分子化合物等物质的分子(或分子链)之间。因为这些物质的分子中含有 F—H 键、O—H 键或 N—H 键。

氢键具有饱和性和方向性。氢键的强弱和 X 原子及 Y 原子的电负性和半径大小有关,它的键能比化学键弱得多,与分子间作用力的数量级相同。分子间存在氢键时,分子间产生了较强结合力,使分子形成缔合分子,大大加强了分子间的相互作用。

小　结

原子中电子运动具有能量量子化、波粒二象性和统计性特征。电子波是一种概率波。波函数(又称原子轨道)ψ,表征原子中电子的运动状态。波函数由3个量子数确定。主量子数 n、角量子数 l、磁量子数 m 分别确定了轨道的能量(氢原子轨道能量只与 n 有关,多电子原子轨道能量与 n、l 都有关)、基本形状和空间取向等特征。此外,自旋量子数 m_s 的两个值分别代表两种不同的自旋状态。

波函数的平方表示电子在核外空间某位置上单位体积内出现的概率,即概率密度。用黑点疏密的程度描述原子核外电子的概率密度分布规律的图形称为电子云。

多电子原子的轨道能量由 n、l 决定,并随 n、l 的增大而升高。n、l 不同的轨道能量可出现交错。多电子原子核外电子分布一般遵循泡利不相容原理、能量最低原理和洪特规则。元素原子的最外层电子构型按周期系可分为 5 个区,元素的性质随原子外层电子构型的周期性变化而变化。

原子间的作用力称为化学键,化学键主要分为金属键、离子键和共价键三类。

分子的极性与电偶极矩极性:分子和非极性分子可用电偶极矩 μ 来衡量。极性分子(如 H_2O)的 μ 大于 0,非极性分子(如 CH_4)的 μ 等于 0。分子的空间构型与杂化轨道理论:杂化轨道理论强调成键时能级相近的原子轨道互相杂化,以增强成键能力,可用来解释分子的空间构型。一般有 sp、sp^2、sp^3、sp^3d 等性杂化以及 sp^3 不等性杂化。对应于上述 3 种等性杂化的典型分子的空间构型分别是直线形(如 $BeCl_2$)、平面三角形(如 BF_3)、正四面体形(如 CH_4),这些均为非极性分子。对应于 sp^3 不等性杂化(有孤对电子)的典型分子的空间构型有三角锥形(如 NH_3)、V 字形(如 H_2O),均为极性分子。

分子间作用力分为色散力、诱导力和取向力 3 种。一般以色散力为主,并在同类型物质中随摩尔质量的增大而增强,分子间力很弱。含有 H—F 键、O—H 键、N—H 键的分子间或分子内有氢键。氢键的强度与分子间力的强度相似。氢键有方向性和饱和性。对于分子晶体,一般来说,分子间力稍强或有氢键存在(分子间)的物质的熔点、沸点稍高。

习　题

一、选择题

1.在多电子原子中,下列各组量子数的电子中能量最高的是(　　)。

A.3,2,＋1,＋1/2　　B.2,1,＋1,－1/2　　C.3,1,0,－1/2　　D.3,1,－1,－1/2

2.主量子数 n = 4 的亚层数是(　　)。

A.3　　　　　　　　B.4　　　　　　　　C.5　　　　　　　　D.6

3.下列元素中,电子排布不正确的是(　　)。

A.Nb:$4d^45s^1$　　　B.Nd:$4f^45d^06s^2$　　　C.Ne:$3s^23p^6$　　　D.Ni:$3d^84s^2$

4.下列基态原子的电子构型中,正确的是(　　)。

A.$3d^94s^2$　　　　B.$3d^44s^2$　　　　C.$4d^{10}5s^0$　　　　D.$4d^85s^2$

5.Pb^{2+} 的价电子结构是(　　)。

A.$5s^2$　　　　　　B.$6s^26p^2$　　　　C.$5s^25p^2$　　　　D.$5s^25p^65d^{10}6s^2$

6.某元素基态原子失去 3 个电子后,角量子数为 2 的轨道半充满,其原子序数为(　　)。

A.24　　　　　　　B.25　　　　　　　C.26　　　　　　　D.27

7.在 $BrCH = CHBr$ 分子中,C—Br 键采用的成键轨道是(　　)。

A.$sp—p$　　　　　B.$sp^2—s$　　　　　C.$sp^2—p$　　　　　D.$sp^3—p$

8.中心原子采用 sp^2 杂化的分子是(　　)。

A.NH_3　　　　　　B.BCl_3　　　　　　C.PCl_3　　　　　　D.H_2O

9.下列分子或离子中,不含有孤对电子的是(　　)。

A.H_2O　　　　　　B.H_3O^+　　　　　　C.NH_3　　　　　　D.NH_4^+

10.下列分子中属于极性分子的是(　　)。

A.CCl_4　　　　　　B.CH_3OCH_3　　　　C.BCl_3　　　　　　D.PCl_5

11.下列分子中,中心原子采取等性杂化的是(　　)。

A.NCl_3　　　　　　B.SF_4　　　　　　C.$CHCl_3$　　　　　D.H_2O

12.下列分子中,中心原子采取不等性杂化的是(　　)。

A.H_3O^+　　　　　B.NH_4^+　　　　　C.PCl_6^-　　　　　D.BI_4^-

13.下列分子或离子中,中心原子的杂化轨道与 NH_3 分子的中心原子杂化轨道最相似的是(　　)。

A.H_2O　　　　　　B.H_3O^+　　　　　C.NH_4^+　　　　　D.BCl_3

14.下列分子或离子中,构型不是直线形的是(　　)。

A.I_3^+　　　　　　B.I_3^-　　　　　　C.CS_2　　　　　　D.$BeCl_2$

15.下列分子中不能形成氢键的是(　　)。

A.NH_3　　　　　　B.N_2H_4　　　　　C.C_2H_5OH　　　　D.$HCHO$

二、问答题

1.若一束电子的德布罗意波长为 1 nm,则其速度应该是多少?

2.写出下列各原子轨道的 3 个量子数(n,l,m) 数值:$3p_x$,$4d_{z^2}$,$5s$。

3.下列各元素原子的电子分布式各自违背了什么原理? 请加以改正。

（1）硼:$1s^2 2s^3$;

（2）氮:$1s^2 2s^2 2p_x^2 2p_y^1$;

（3）铍:$1s^2 2p_y^2$。

4.用原子轨道符号表示下列各组量子数。

（1）$n=2,l=1,m=-1$;（2）$n=4,l=0,m=0$;（3）$n=5,l=2,m=0$。

5.假如有下列电子的各组量子数,指出哪几组不可能存在,为什么?

（1） 3,2,2,1/2;（2） 3,0,-1,1/2;（3） 2,2,2,2;（4） 1,0,0,0;

（5） 2,-1,0,1/2;（6） 2,0,-2,1/2。

6.价电子构型满足下列条件之一的分别是哪一种或哪一类元素?

（1）具有 2 个 p 电子;

（2）量子数为 $n=4$ 和 $l=0$ 的电子有两个,量子数为 $n=3$ 和 $l=2$ 的电子有 6 个;

（3）3d 轨道全充满,4s 轨道半满。

7.指出 Si、P、S 在生成 SiF_4、PCl_3、SF_4 这 3 种化合物时的杂化轨道类型。（注明等性杂化或非等性杂化）

8.指出下列分子中 C 原子分别采用的杂化轨道:CH_4、C_2H_2、C_2H_4、H_3COH、CH_2O。

9.判断下列各组分子间存在什么形式的分子间作用力。

（1） H_2S;（2） CH_4;（3） H_2O 和 Ne;（4） CH_3Br;（5） NH_3;（6） CCl_4 和 Br_2。

参考文献

［1］曹凤岐,毛金银.基础化学［M］.南京:东南大学出版社,2006.

［2］华彤文,陈景祖,等.普通化学原理［M］.3 版.北京:北京大学出版社,2005.

［3］浙江大学普通化学教研组.普通化学［M］.6 版.北京:高等教育出版社,2011.

元素周期表

图例说明：

非金属元素	金属元素
	过渡元素

示例：
- 92 — 原子序数
- U — 元素符号（注*的是人造元素）
- 铀 — 元素符号
- $5f^3 6d^1 7s^2$ — 外围电子层排布，括号指可能的电子层排布
- 238.0 — 相对原子质量（加括号的数据为该放射性元素半衰期最长同位素的质量数）

注：相对原子质量录自2001年国际原子量表，并全部取4位有效数字。

主表

周期	I A	II A	III B	IV B	V B	VI B	VII B	VIII			I B	II B	III A	IV A	V A	VI A	VII A	0
1	1 H 氢 $1s^1$ 1.008																	2 He 氦 $1s^2$ 4.003
2	3 Li 锂 $2s^1$ 6.941	4 Be 铍 $2s^2$ 9.012											5 B 硼 $2s^2 2p^1$ 10.81	6 C 碳 $2s^2 2p^2$ 12.01	7 N 氮 $2s^2 2p^3$ 14.01	8 O 氧 $2s^2 2p^4$ 16.00	9 F 氟 $2s^2 2p^5$ 19.00	10 Ne 氖 $2s^2 2p^6$ 20.18
3	11 Na 钠 $3s^1$ 22.99	12 Mg 镁 $3s^2$ 24.31											13 Al 铝 $3s^2 3p^1$ 26.98	14 Si 硅 $3s^2 3p^2$ 28.09	15 P 磷 $3s^2 3p^3$ 30.97	16 S 硫 $3s^2 3p^4$ 32.07	17 Cl 氯 $3s^2 3p^5$ 35.45	18 Ar 氩 $3s^2 3p^6$ 39.95
4	19 K 钾 $4s^1$ 39.10	20 Ca 钙 $4s^2$ 40.08	21 Sc 钪 $3d^1 4s^2$ 44.96	22 Ti 钛 $3d^2 4s^2$ 47.87	23 V 钒 $3d^3 4s^2$ 50.94	24 Cr 铬 $3d^5 4s^1$ 52.00	25 Mn 锰 $3d^5 4s^2$ 54.94	26 Fe 铁 $3d^6 4s^2$ 55.85	27 Co 钴 $3d^7 4s^2$ 58.93	28 Ni 镍 $3d^8 4s^2$ 58.69	29 Cu 铜 $3d^{10} 4s^1$ 63.55	30 Zn 锌 $3d^{10} 4s^2$ 65.39	31 Ga 镓 $4s^2 4p^1$ 69.72	32 Ge 锗 $4s^2 4p^2$ 72.61	33 As 砷 $4s^2 4p^3$ 74.92	34 Se 硒 $4s^2 4p^4$ 78.96	35 Br 溴 $4s^2 4p^5$ 79.90	36 Kr 氪 $4s^2 4p^6$ 83.80
5	37 Rb 铷 $5s^1$ 85.47	38 Sr 锶 $5s^2$ 87.62	39 Y 钇 $4d^1 5s^2$ 88.91	40 Zr 锆 $4d^2 5s^2$ 91.22	41 Nb 铌 $4d^4 5s^1$ 92.91	42 Mo 钼 $4d^5 5s^1$ 95.94	43 Tc 锝 $4d^5 5s^2$ [99]	44 Ru 钌 $4d^7 5s^1$ 101.1	45 Rh 铑 $4d^8 5s^1$ 102.9	46 Pd 钯 $4d^{10}$ 106.4	47 Ag 银 $4d^{10} 5s^1$ 107.9	48 Cd 镉 $4d^{10} 5s^2$ 112.4	49 In 铟 $5s^2 5p^1$ 114.8	50 Sn 锡 $5s^2 5p^2$ 118.7	51 Sb 锑 $5s^2 5p^3$ 121.8	52 Te 碲 $5s^2 5p^4$ 127.6	53 I 碘 $5s^2 5p^5$ 126.9	54 Xe 氙 $5s^2 5p^6$ 131.3
6	55 Cs 铯 $6s^1$ 132.9	56 Ba 钡 $6s^2$ 137.3	57-71 La-Lu 镧系	72 Hf 铪 $5d^2 6s^2$ 178.5	73 Ta 钽 $5d^3 6s^2$ 180.9	74 W 钨 $5d^4 6s^2$ 183.8	75 Re 铼 $5d^5 6s^2$ 186.2	76 Os 锇 $5d^6 6s^2$ 190.2	77 Ir 铱 $5d^7 6s^2$ 192.2	78 Pt 铂 $5d^9 6s^1$ 195.1	79 Au 金 $5d^{10} 6s^1$ 197.0	80 Hg 汞 $5d^{10} 6s^2$ 200.6	81 Tl 铊 $6s^2 6p^1$ 204.4	82 Pb 铅 $6s^2 6p^2$ 207.2	83 Bi 铋 $6s^2 6p^3$ 209.0	84 Po 钋 $6s^2 6p^4$ [209]	85 At 砹 $6s^2 6p^5$ [210]	86 Rn 氡 $6s^2 6p^6$ [222]
7	87 Fr 钫 $7s^1$ [223]	88 Ra 镭 $7s^2$ [226]	89-103 Ac-Lr 锕系	104 Rf 𬬻* $(6d^2 7s^2)$ [261]	105 Db 𬭊* $(6d^3 7s^2)$ [262]	106 Sg 𬭳* [263]	107 Bh 𬭛* [262]	108 Hs 𬭶* [265]	109 Mt 鿏* [266]	110 Ds 𫟼* [269]	111 Rg 𬬭* [272]	112 Uub * [285]						

镧系

57 La 镧 $5d^1 6s^2$ 138.9	58 Ce 铈 $4f^1 5d^1 6s^2$ 140.1	59 Pr 镨 $4f^3 6s^2$ 140.9	60 Nd 钕 $4f^4 6s^2$ 144.2	61 Pm 钷 $4f^5 6s^2$ [147]	62 Sm 钐 $4f^6 6s^2$ 150.4	63 Eu 铕 $4f^7 6s^2$ 152.0	64 Gd 钆 $4f^7 5d^1 6s^2$ 157.3	65 Tb 铽 $4f^9 6s^2$ 158.9	66 Dy 镝 $4f^{10} 6s^2$ 162.5	67 Ho 钬 $4f^{11} 6s^2$ 164.9	68 Er 铒 $4f^{12} 6s^2$ 167.3	69 Tm 铥 $4f^{13} 6s^2$ 168.9	70 Yb 镱 $4f^{14} 6s^2$ 173.0	71 Lu 镥 $4f^{14} 5d^1 6s^2$ 175.0

锕系

89 Ac 锕 $6d^1 7s^2$ 227.0	90 Th 钍 $6d^2 7s^2$ 232.0	91 Pa 镤 $5f^2 6d^1 7s^2$ 231.0	92 U 铀 $5f^3 6d^1 7s^2$ 238.0	93 Np 镎 $5f^4 6d^1 7s^2$ 237.0	94 Pu 钚 $5f^6 7s^2$ [244]	95 Am 镅* $5f^7 7s^2$ [243]	96 Cm 锔* $5f^7 6d^1 7s^2$ [247]	97 Bk 锫* $5f^9 7s^2$ [247]	98 Cf 锎* $5f^{10} 7s^2$ [251]	99 Es 锿* $5f^{11} 7s^2$ [252]	100 Fm 镄* $5f^{12} 7s^2$ [257]	101 Md 钔* $5f^{13} 7s^2$ [258]	102 No 锘* $(5f^{14} 7s^2)$ [259]	103 Lr 铹* $(5f^{14} 6d^1 7s^2)$ [260]